147 コンクリートライブラリー

銅スラグ細骨材を用いた
コンクリートの設計施工指針

土 木 学 会

Concrete Library 147

Recommendations for Design and Construction of Concrete Structures Using Copper Slag Fine Aggregate

July ,2016

Japan Society of Civil Engineers

序

　銅スラグ細骨材は，銅を製錬する際に発生する溶融状態のスラグを水砕し粒度調整したものである．産業副産物の有効利用や，骨材採取による自然破壊を防止する観点から，銅スラグ細骨材をコンクリート用細骨材として利用するための研究は1960年代から始められた．1990年代初頭には，日本鉱業協会内に設置された研究委員会において，銅スラグ細骨材をコンクリートに用いた場合の影響の把握や使用上の課題を解決するための方策に関する各種試験ならびに試験施工を積み重ねた．それらの成果をもとに，銅スラグ細骨材は，1997年8月，JIS A 5011-3「コンクリート用スラグ骨材―第3部：銅スラグ骨材」として規格化された．

　土木学会コンクリート委員会では，銅スラグ細骨材のJIS化計画が具体化した段階で，日本鉱業協会からの委託を受け，1996～97年にスラグ細骨材研究小委員会を設けて制定作業を行い，1998年2月に「銅スラグ細骨材を用いたコンクリートの施工指針」を発刊している．

　2010年に，コンクリート用骨材又は道路用等のスラグ類に化学物質評価方法を導入する指針に関する検討会が経済産業省により設置され，検討会が提案する「循環資材の環境安全品質及び検査方法に関する基本的考え方」に基づき，「コンクリート用スラグ骨材に環境安全品質及びその検査方法を導入するための指針」ならびに「道路用スラグに環境安全品質及びその検査方法を導入するための指針」が，日本工業標準調査会土木技術専門委員会及び建築技術専門委員会の審議を経て，2011年7月に制定された．

　以上の状況を踏まえ，土木学会コンクリート委員会では，2013年10月に日本鉱業協会からの委託を受けて「非鉄スラグ骨材コンクリート研究小委員会」を設置し，これまでの指針の改訂版を作成すべく，2年半の調査研究活動を開始した．

　1997年のJIS制定以降，JIS A 5011-3は，2003年6月の軽微な改正を経て，上記の検討会の指針をもとに，2016年4月に環境安全品質に関する規定の追加等を伴う改正に至っている．循環資材である銅スラグ骨材への環境安全品質及びその検査方法の導入は，2016年のJIS A 5011-3の大きな事項である．

　銅スラグ細骨材においては，環境安全品質基準として定める8項目に対し，環境安全形式検査や環境安全受渡検査で，環境安全品質基準あるいは環境安全受渡検査判定値に合格した銅スラグ細骨材が供給される．本改訂版では，それを踏まえ，環境安全品質を満足できるよう，銅スラグ細骨材の混合率の上限値を設定している．なお，銅スラグ骨材の密度が大きい特徴を活かすことを目的に，品質基準値を満足しつつ，使用用途（一般用途，港湾用途）や銅スラグ細骨材の混合率を考慮して利用拡大を図ることも可能である．

　本改訂版が，銅スラグ骨材の有効利用と，銅スラグ骨材を用いたコンクリートの健全な普及に寄与することを願っている．

　最後に，本改訂版の発刊に献身的な努力を頂いた幹事長の佐伯竜彦博士ならびに日本鉱業協会の栗栖一之氏をはじめとする委員各位に厚くお礼申し上げる次第である．

平成28年6月

　　　　　　　　　　　　　　　　　　　　　　　　　非鉄スラグ骨材コンクリート研究小委員会
　　　　　　　　　　　　　　　　　　　　　　　　　　　　委員長　　　宇治公隆

土木学会　コンクリート委員会　委員構成

(平成 25 年度・26 年度)

顧　　問	石橋　忠良	魚本　健人	角田與史雄	國府　勝郎	阪田　憲次
	関　　博	田辺　忠顕	辻　幸和	檜貝　勇	町田　篤彦
	三浦　尚	山本　泰彦			

委 員 長　　二羽淳一郎
幹 事 長　　岩波　光保

委　員

○綾野　克紀	○池田　博之	△石田　哲也	伊東　昇	伊藤　康司	○井上　晋
岩城　一郎	○上田　多門	○宇治　公隆	○氏家　勲	○内田　裕市	○梅原　秀哲
梅村　靖弘	遠藤　孝夫	大津　政康	大即　信明	岡本　享久	金子　雄一
○鎌田　敏郎	○河合　研至	○河野　広隆	○岸　利治	△小林　孝一	○佐伯　竜彦
○坂井　悦郎	堺　孝司	佐藤　勉	佐藤　靖彦	佐藤　良一	○島　弘
△下村　匠	○鈴木　基行	○添田　政司	○武若　耕司	○田中　敏嗣	○谷村　幸裕
○土谷　正	○津吉　毅	手塚　正道	鳥居　和之	○中村　光	○名倉　健二
○信田　佳延	○橋本　親典	服部　篤史	△濱田　秀則	原田　哲夫	△久田　真
福手　勤	○前川　宏一	○松田　隆	松田　浩	○松村　卓郎	△丸屋　剛
○丸山　久一	三島　徹也	○宮川　豊章	宮本　文穂	○睦好　宏史	○森　拓也
○森川　英典	○横田　弘	吉川　弘道	六郷　恵哲	渡辺　忠朋	○渡辺　博志

旧 委 員　　城国　省二

(50 音順, 敬称略)
○：常任委員会委員
△：常任委員会委員兼幹事

土木学会　コンクリート委員会　委員構成
(平成27年度・28年度)

顧　　問　　石橋　忠良　　魚本　健人　　阪田　憲次　　丸山　久一
委 員 長　　前川　宏一
幹 事 長　　石田　哲也

委　員

△綾野　克紀	○井上　　晋	岩城　一郎	△岩波　光保	○上田　多門	○宇治　公隆
○氏家　　勲	○内田　裕市	○梅原　秀哲	梅村　靖弘	遠藤　孝夫	大津　政康
大即　信明	岡本　享久	春日　昭夫	金子　雄一	○鎌田　敏郎	○河合　研至
○河野　広隆	○岸　　利治	木村　嘉富	△小林　孝一	△齊藤　成彦	○佐伯　竜彦
○坂井　悦郎	○坂田　　昇	佐藤　　勉	○佐藤　靖彦	○島　　　弘	○下村　　匠
○鈴木　基行	須田久美子	○竹田　宣典	○武若　耕司	○田中　敏嗣	○谷村　幸裕
○土谷　　正	○津吉　　毅	手塚　正道	土橋　　浩	鳥居　和之	○中村　　光
△名倉　健二	○二羽淳一郎	○橋本　親典	服部　篤史	○濱田　秀則	原田　修輔
原田　哲夫	△久田　　真	福手　　勤	○松田　　浩	○松村　卓郎	○丸屋　　剛
三島　徹也	○水口　和之	○宮川　豊章	○睦好　宏史	森　　拓也	○森川　英典
○横田　　弘	吉川　弘道	六郷　恵哲	渡辺　忠朋	渡邉　弘子	○渡辺　博志

旧 委 員　　伊藤　康司
　　　　　　添田　政司
　　　　　　松田　　隆

(50音順，敬称略)
○：常任委員会委員
△：常任委員会委員兼幹事

土木学会　コンクリート委員会
非鉄スラグ骨材コンクリート研究小委員会　委員構成

委員長　　宇治　公隆（首都大学東京）
幹事長　　佐伯　竜彦（新潟大学）

幹　事

綾野　克紀（岡山大学）	上野　　敦（首都大学東京）
呉　　承寧（愛知工業大学）	橋本　親典（徳島大学）

委　員

阿波　　稔（八戸工業大学）	近松　竜一（（株）大林組）（～2015年4月）
伊藤　康司（全国生コンクリート工業組合連合会）	信田　佳延（鹿島建設（株））
氏家　　勲（愛媛大学）	羽渕　貴士（東亜建設工業（株））
臼井　達哉（大成建設（株））	丸岡　正知（宇都宮大学）
久保　善司（金沢大学）	三浦　律彦（（株）大林組）（2015年5月～）
栗田　守朗（清水建設（株））	山路　　徹（（国研）港湾空港技術研究所）
佐川　康貴（九州大学）	渡辺　博志（（国研）土木研究所）

委託側委員

大舘　広克（大平洋金属（株））（2014年7月～）	黒岩　義仁（三菱マテリアル（株））（2015年4月～）
亀谷　敏博（パンパシフィック・カッパー（株））（～2015年9月）	立屋敷久志（三菱マテリアル（株））（～2015年3月）
	平出　正幸（パンパシフィック・カッパー（株））（2015年10月～）
川崎　康一（大平洋金属（株））（～2014年6月）	
川西　政雄（住友金属鉱山（株））	安田　智弘（日本冶金工業（株））
栗栖　一之（日本鉱業協会）	

銅スラグ細骨材を用いた
コンクリートの設計施工指針

目　次

1章　総　則 ··· 1
　1.1　一　般 ··· 1
　1.2　用語の定義 ··· 2
　1.3　構　成 ··· 4

2章　銅スラグ細骨材コンクリートの品質 ··· 5
　2.1　一　般 ··· 5
　2.2　均質性 ··· 6
　2.3　ワーカビリティー ··· 6
　　2.3.1　充填性 ··· 6
　　2.3.2　圧送性 ··· 7
　　2.3.3　凝結特性 ··· 7
　2.4　強度およびヤング係数 ··· 8
　　2.4.1　強　度 ··· 8
　　2.4.2　ヤング係数 ··· 8
　2.5　耐久性 ··· 8
　　2.5.1　コンクリートの耐久性 ··· 8
　　2.5.2　鋼材を保護する性能 ··· 9
　2.6　水密性 ··· 9
　2.7　ひび割れ抵抗性 ·· 10
　2.8　単位容積質量 ·· 10

3章　環境安全性 ··· 12
　3.1　一　般 ·· 12
　3.2　環境安全品質の設計値 ·· 14

4章　性能照査 ··· 16
　4.1　一　般 ·· 16
　4.2　耐久性 ·· 16
　　4.2.1　鋼材腐食に対する照査 ·· 16
　　　4.2.1.1　一　般 ·· 16
　　　4.2.1.2　中性化に伴う鋼材腐食に対する照査 ···························· 17
　　　4.2.1.3　塩化物イオンの侵入に伴う鋼材腐食に対する照査 ················ 18
　　4.2.2　コンクリートの劣化に対する照査 ·································· 19
　　　4.2.2.1　凍害に対する照査 ·· 19
　　　4.2.2.2　化学的侵食に対する照査 ······································ 21
　4.3　水密性に対する照査 ·· 22

4.4	ひび割れに対する照査	22
4.5	単位容積質量に対する照査	24

5章　材料の設計値 ··· 25
　5.1　一　　般 ·· 25
　5.2　強　度，応力-ひずみ曲線，ヤング係数，ポアソン比 ···················· 27
　5.3　熱 物 性 ·· 29
　5.4　中性化速度係数 ·· 29
　5.5　塩化物イオン拡散係数 ·· 30
　5.6　凍結融解試験における相対動弾性係数，スケーリング量 ················ 31
　5.7　収　縮，クリープ ·· 31
　5.8　化学的侵食深さ ·· 32
　5.9　単位容積質量 ·· 33

6章　骨　　材 ·· 34
　6.1　総　　則 ·· 34
　6.2　銅スラグ細骨材 ·· 34
　　6.2.1　一　　般 ·· 34
　　6.2.2　粒　　度 ·· 37
　6.3　普通細骨材 ·· 38
　6.4　銅スラグ混合細骨材 ·· 38
　　6.4.1　一　　般 ·· 38
　　6.4.2　銅スラグ混合細骨材の粒度 ···································· 39
　　6.4.3　銅スラグ混合細骨材の塩化物含有量 ······························ 40
　6.5　普通粗骨材 ·· 41

7章　配合設計 ·· 42
　7.1　総　　則 ·· 42
　7.2　配合設計の手順 ·· 42
　7.3　銅スラグ細骨材コンクリートの特性値の確認 ························ 43
　　7.3.1　一　　般 ·· 43
　　7.3.2　設計基準強度 ·· 43
　　7.3.3　耐 久 性 ·· 43
　　7.3.4　単位容積質量 ·· 44
　　7.3.5　乾燥収縮 ·· 44
　　7.3.6　その他の特性値 ·· 45
　7.4　銅スラグ細骨材コンクリートのワーカビリティー ···················· 46
　7.5　配合条件の設定 ·· 46
　　7.5.1　銅スラグ細骨材混合率 ·· 46

7.5.2 粗骨材の最大寸法	47
7.5.3 スランプ	48
7.5.4 配合強度	49
7.5.5 水セメント比	49
7.5.6 空気量	50
7.6 暫定の配合の設定	50
7.6.1 単位水量	50
7.6.2 単位セメント量	51
7.6.3 単位粉体量	52
7.6.4 細骨材率	53
7.6.5 混和材料の単位量	54
7.6.6 銅スラグ細骨材混合率	54
7.7 試し練り	54
7.7.1 一般	54
7.7.2 試し練りの方法	55
7.8 配合の表し方	56
8章 製造	57
8.1 総則	57
8.2 製造設備	57
8.2.1 貯蔵設備	57
8.2.2 ミキサ	57
8.3 計量	57
8.4 練混ぜ	58
9章 レディーミクストコンクリート	59
9.1 総則	59
10章 運搬・打込みおよび養生	61
10.1 総則	61
10.2 練混ぜから打終わりまでの時間	61
10.3 運搬	61
10.4 打込み，締固めおよび仕上げ	62
10.5 養生	62
11章 品質管理	64
11.1 総則	64
11.2 銅スラグ細骨材の品質管理	64
11.3 銅スラグ混合細骨材の品質管理	64

11.4	銅スラグ細骨材コンクリートの品質管理	65

12章　検　査 ... 67
 12.1　総　則 ... 67

13章　特別な考慮を要するコンクリート ... 69
 13.1　総　則 ... 69
 13.2　単位容積質量が大きいコンクリート ... 70
  13.2.1　適用の範囲 ... 70
  13.2.2　単位容積質量が大きいコンクリートの品質 ... 70
  13.2.3　材　料 ... 71
  13.2.4　配合設計 ... 71
  13.2.5　製　造 ... 71
  13.2.6　施　工 ... 72

付録Ⅰ　銅スラグ細骨材に関する技術資料 ... 73

付録Ⅱ　非鉄スラグ製品の製造・販売管理ガイドライン ... 139

付録Ⅲ　フェロニッケルスラグ細骨材および銅スラグ細骨材混合率確認方法 ... 149

付録Ⅳ　銅スラグ細骨材に関する文献リスト ... 156

1章 総　則

1.1 一　般

（1）　この指針は，銅スラグ細骨材を，砂または砕砂と混合して用いるコンクリートの設計と施工について，一般の標準を示すものである．この指針に示されていない事項は，コンクリート標準示方書によるものとする．

（2）　一般用途に用いられるコンクリートの銅スラグ細骨材の混合率は，容積比で30%以下を標準とする．

【解　説】　（1）について　銅スラグ細骨材は，銅を製錬する際に副産される溶融スラグを水砕し，粒度調整を施したものであり，コンクリート用細骨材として使用することができる．現在，国内の銅精錬所の炉型式には連続製銅炉が1箇所，反射炉が1箇所，自溶炉が3箇所あるが，炉型式の違いによる銅スラグの品質の違いはない．

銅スラグをコンクリート用細骨材として活用するための研究は，1960年代から始められており，製錬所の構内施設を中心に実施工への適用もなされてきた．また，1992年からは，日本鉱業協会が組織した土木分野および建築分野の専門家で構成された研究委員会において，銅スラグをコンクリート用細骨材の新たな資源として活用していく場合の問題点や利用方法の検討が行われてきた．これらの研究の成果をもとに，銅スラグ細骨材は，コンクリートに使用可能なスラグ骨材として，1997年8月にJIS A 5011-3「コンクリート用スラグ骨材－第3部:銅スラグ骨材」に規格化された．その後，引用規格の名称および用語の変更に伴う改正（2003年6月），環境安全品質に関する規定の追加等に伴う改正（2016年4月）を経て現在に至っている．

循環資材である銅スラグ細骨材への環境安全品質及びその検査方法は，2016年のJIS A 5011-3での改正で初めて導入されたものであり，この指針においては，銅スラグ細骨材を用いたコンクリートの環境安全性の考え方を3章「環境安全性」にまとめている．銅スラグ細骨材混合率の設定にあたっては，フレッシュコンクリートの性状，硬化コンクリートの強度，耐久性のみならず，その混合率で用いたコンクリートが環境安全品質上，問題が生じないようにしなければならない．

銅スラグ細骨材の中でもCUS2.5は良好な粒度分布を有しており，これを用いた場合には単位水量の低減が可能となったり，JIS規格は満足するが低品質な普通細骨材に銅スラグ細骨材を混合した場合には，コンクリートの性能が向上したりする等の利点がある．さらに，銅スラグ細骨材コンクリートの乾燥収縮ひずみは普通骨材コンクリートと比べて小さくなるため，乾燥収縮によるひび割れの発生の抑制に効果がある．

銅スラグ細骨材の絶乾密度は，銘柄や粒径等によって多少異なるが，一般的な砂や砕砂の値と比べて30～50%程度大きい．この特徴を積極的に活用して，銅スラグ細骨材を単独で，もしくは砂または砕砂と高い混合率で混合して用いれば，コンクリートの単位容積質量が増加するので，このような効果が望ましい構造物，例えば，消波ブロック，砂防ダム，重力式擁壁等に用いる場合は有利になると考えられる．特に，浮力の影響を受ける消波ブロック等では，その安定性に対する単位容積質量の寄与が大きいので，密度が大きいという銅スラグ細骨材の特徴を効果的に利用できる．

銅スラグ細骨材は，2014年度の時点で年間約300万トンが副産されており，その特徴を十分に把握して適切

に使用すれば，コンクリート用細骨材として有用な材料である．銅スラグが副産される5製錬所は，瀬戸内地方および東北地方に立地しており，各製錬所で製造される銅スラグ細骨材は，それぞれの地域における海砂，川砂，砕砂等の品質改善あるいは細骨材の枯渇問題の緩和に大きく寄与できるものと考えられる．ただし，他の材料と同様に，銅スラグ細骨材の場合も，その使用方法が適切でないと，所要の効果が得られないだけでなく，コンクリートの品質が悪化することもあるので，事前にその使用方法について十分に検討しておくことが重要である．

この指針は，銅スラグ細骨材コンクリートを土木構造物に適用する場合に特に必要な事項についての標準を示したものであり，所要の性能のコンクリート構造物を造るためには，この指針に示した事項の趣旨を十分に理解して，適切に施工する必要がある．銅スラグの高い密度を利用したコンクリートに適用する場合の留意事項については，13章「特別な配慮を要するコンクリート」に示した．この指針に示されていない事項については，コンクリート標準示方書によるものとする．

なお，この指針では，銅スラグ細骨材と混合使用する細骨材としては砂および砕砂のみを対象としている．これは，この指針が作成された時点では，砂および砕砂を除く他の種類の細骨材と銅スラグ細骨材を混合使用した試験の結果や施工例がほとんど無く，必要な情報を収集できなかった理由による．

　(2) について　環境安全品質の観点からは，一般用途については含有量および溶出量が，また，港湾用途については溶出量が環境安全品質基準を満足する必要がある．港湾用途においては，銅スラグ細骨材混合率を100%としても環境安全品質基準を満足することができる．一般用途の場合には，銅スラグ細骨材混合率が容積比で30%程度以下であれば，いずれの工場から産出される銅スラグ細骨材を用いても，環境安全品質基準を満足することが確かめられている．また，通常のコンクリートに使用する砂や砕砂の容積比で30%以内を銅スラグ細骨材で置換する範囲においては，コンクリートの性状および品質のうち環境安全性以外については通常のコンクリートと大差がなく，コンクリートの単位容積質量の増加が100 kg/m^{3}を超えることもほとんどない．

この指針では，銅スラグ細骨材混合率を容積比で30%以下とした銅スラグ細骨材コンクリートを標準とし，その品質，設計および施工について記述しており，銅スラグ細骨材の高い密度を有効に利用するために，混合率を高めた単位容積質量が大きいコンクリートについては，13章に従うこととしている．銅スラグ細骨材の混合率を高めて一般用途で使用する場合には，特に重金属類の溶出量および含有量を確認する必要がある．環境安全性の考え方については3章「環境安全性」に示している．

なお，この指針で引用しているコンクリート標準示方書，JIS等は，指針発行時の最新のものとする．

1.2　用語の定義

　この指針では，次のように用語を定義する．

普通細骨材：細骨材として用いる砂および砕砂の総称．

普通粗骨材：粗骨材として用いる砂利および砕石の総称．

銅スラグ細骨材：銅の製錬の際に生成する溶融スラグを水によって急冷し，粒度調整したもの．（略記：CUS）

銅スラグ混合細骨材：銅スラグ細骨材と普通細骨材とを所定の割合で混合したもの．

銅スラグ細骨材混合率：コンクリート中の細骨材全量に占める銅スラグ細骨材の混合割合を絶対容積百分率で表わした値．（略記：CUS混合率）

銅スラグ細骨材コンクリート：細骨材の一部または全てに銅スラグ細骨材を用い，粗骨材には普通粗骨材を用いたコンクリート．

普通骨材コンクリート：骨材として，普通細骨材および普通粗骨材のみを用いて製造されたコンクリート．

環境安全形式検査：銅スラグ細骨材が環境安全品質を満足するものであるかを判定するための検査．

環境安全受渡検査：環境安全形式検査に合格したものと同じ製造条件の銅スラグ骨材の受渡しの際に，その環境安全品質を保証するために行う検査．

一般用途：銅スラグ骨材を用いるコンクリート構造物又はコンクリート製品の用途のうち，港湾用途を除いた一般的な用途．

港湾用途：銅スラグ骨材を用いるコンクリート構造物等の用途のうち，海水と接する港湾の施設又はそれに関係する施設で半永久的に使用され，解体・再利用されることのない用途．港湾に使用する場合であっても再利用を予定する場合は，一般用途として取り扱わなければならない．

【解　説】　普通細骨材について　この指針では，川砂，山砂，海砂等の砂や砕砂を総称して，普通細骨材と呼ぶ．

普通粗骨材について　この指針では，川砂利に代表される天然産の各種の砂利や砕石を総称して，普通粗骨材と呼ぶ．

銅スラグ細骨材について　銅スラグは，連続製銅炉，反射炉，自溶炉によって銅を製錬する際に副産される溶融スラグを水で急冷したものであり，粒状で生産される．このようなスラグをロッドミル等で破砕し，その粒度がコンクリート用細骨材として適するように調整したものがコンクリート用銅スラグ細骨材である．JIS A 5011-3 には，粒度の異なる 4 種類の銅スラグ細骨材が規定されている．

銅スラグ混合細骨材について　銅スラグ混合細骨材は，山砂，陸砂，海砂，砕砂等の粒度の調整や，その他の目的に，銅スラグ細骨材と普通細骨材とを適切な割合で混合したものである．ミキサへの投入時に混合される場合と，予め混合してレディーミクストコンクリート工場に入荷する場合がある．

銅スラグ細骨材混合率について　細骨材の全量に対する銅スラグ細骨材量の容積比を百分率で表した値．密度の異なる細骨材を混合して使用する場合には，混合率は容積の比率で表すのが適当と考えられる．この指針では，銅スラグ細骨材と普通細骨材を混合する場合の混合率や粒度分布を表す場合には容積の比率で表す．

環境安全形式（かたしき）検査について　JIS A 5011-3 で定義されている用語であり，銅スラグをコンクリート用細骨材として使用するために粒度調製等の加工を行った後，物理的・化学的性質ならびに粒度，微粒分量等が要求品質を満足することが確認された銅スラグ細骨材が，環境安全品質を満足するかを判定するための検査である．試料には利用模擬試料（コンクリート）または適切な試料採取方法で採取された銅スラグ細骨材が用いられるが，利用模擬試料（コンクリート）を用いた場合の環境安全品質の保証は，同一とみなせる配合条件で使用する場合のみに限定される．

環境安全受渡検査について　JIS A 5011-3 で定義されている用語であり，環境安全形式検査に合格したものと同じ製造条件の銅スラグ細骨材の受渡しの際に，その環境安全品質を保証するために行う検査である．試料には適切な試料採取方法で採取された銅スラグ細骨材が用いられる．

一般用途および港湾用途について　JIS A 5011-3 で定義されている用語であり，銅スラグ細骨材を用いるコンクリート構造物等の用途を表す．環境安全品質基準が一般用途と港湾用途で異なり，一般用途の場合には重金属類の溶出量および含有量に関する基準を，港湾用途の場合には溶出量に関する基準を満足しなければ

ならない．

1.3 構　成

　この指針は，銅スラグ細骨材コンクリートの品質について設計段階および施工段階で考慮すべき事項について示すとともに，所要の性能を満足するコンクリートを製造するために必要な事項を示したものであり，以下の 13 章から構成される．

　　1 章　総　　則
　　2 章　銅スラグ細骨材コンクリートの品質
　　3 章　環境安全性
　　4 章　性能照査
　　5 章　材料の設計値
　　6 章　骨　材
　　7 章　配合設計
　　8 章　製　造
　　9 章　レディーミクストコンクリート
　　10 章　運搬・打込みおよび養生
　　11 章　品質管理
　　12 章　検査
　　13 章　特別な考慮を要するコンクリート

【解　説】　2 章について　銅スラグ細骨材コンクリートの品質および設計時に考慮すべき事項について示している．なお，銅スラグ細骨材コンクリートが充填性，圧送性，凝結特性等の施工性能を満足することは，設計時に予め考慮しておくことが望ましい．

　3 章について　2011 年 7 月に JIS に導入された環境安全品質の考え方に基づいて，銅スラグ細骨材コンクリートの環境安全性の照査およびその照査に用いる環境安全品質の設計値を示している．銅スラグ細骨材コンクリートを一般用途として使用する場合は，環境安全品質の基準から，30%以下の銅スラグ細骨材混合率が標準である．

　6 章について　銅スラグ細骨材の特性，品質および環境安全面での留意事項，混合細骨材の品質等を示している．また，予め混合した銅スラグ混合細骨材の取扱い方法について示している．なお，混合率の推定方法については，付録Ⅲに示している．

　13 章について　単位容積質量が大きいことが有利なコンクリート部材に銅スラグ細骨材コンクリートを用いる場合に留意すべきことを示している．

2章　銅スラグ細骨材コンクリートの品質

2.1　一　　般

> 銅スラグ細骨材コンクリートは，品質のばらつきが少なく，施工の各作業に適したワーカビリティーを有するとともに，硬化後は所要の強度，耐久性，水密性，ひび割れ抵抗性，単位容積質量，環境安全性等を有するものでなければならない．

【解　説】　銅スラグ細骨材コンクリートを用いて所要の性能を有する構造物を造るためには，普通骨材コンクリートと同様に，それらの要求性能を構造物に付与でき，かつ，適切な施工を行うことができるコンクリートを用いる必要がある．この章は，この原則に基づいて，銅スラグ細骨材コンクリートに要求される基本的な品質について規定するものである．

この章では，銅スラグ細骨材コンクリートに要求される基本的品質として，均質性，ワーカビリティー，強度，耐久性，水密性，ひび割れ抵抗性，鋼材を保護する性能，化学的侵食に対する抵抗性，単位容積質量を取り上げた．なお，材料に含有する，あるいは，材料から溶出する重金属等の化学物質が，人および自然環境に悪い影響を及ぼさないために銅スラグ細骨材が確保しなければならない環境安全品質は，3章に示す．

銅スラグ細骨材は，JIS A 5011-3 で粒度に応じて CUS5，CUS2.5，CUS1.2 および CUS5-0.3 の4種類が規定されているが，現在実際に供給されているのは CUS2.5 および CUS5-0.3 の2種類である．従来，CUS5-0.3 が主に供給されていたものの，微粒分が少ないことによるブリーディングの増大の問題等を改善するため，近年では CUS5-0.3 を粒度調整した CUS2.5 が多く供給できる体制が整っている．また，JIS では銅スラグ細骨材コンクリートの用途として一般用途と港湾用途が規定されており，以下のように呼び方が定められている．

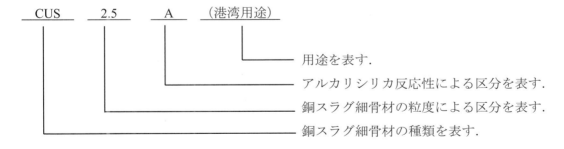

CUS5-0.3，CUS2.5 のいずれの場合も，銅スラグを細骨材に容積比で30％以下に混合して用いる場合には，普通骨材コンクリートと同等の取り扱いをすることができる．なお，CUS2.5 を用いた場合，銅スラグ細骨材混合率をさらに高めても，環境安全品質以外の品質については普通骨材コンクリートと同等の取り扱いができることが確認されている．一方，CUS5-0.3 を高い混合率で用いる場合には，環境安全品質に加え，ブリーディングやポンプ圧送性等についても配慮が必要となる．

また，この章に記述されているもの以外の品質がコンクリートに求められる場合には，構造物の要求性能を満足できるように，コンクリートの品質を検討することが重要である．

2.2 均質性

銅スラグ細骨材コンクリートは，その材料の品質および製造のばらつきが少なく，品質が安定していなければならない．

【解　説】　コンクリートに使用する材料の品質および製造のばらつきが大きいと，所定の品質のコンクリートを安定して供給することが困難になり，コンクリート構造物の性能に悪影響を及ぼす．したがって，銅スラグ細骨材コンクリートの製造にあたっては，普通骨材コンクリートと同様に材料の品質管理ならびにコンクリートの製造工程の管理を十分に行い，バッチ間の変動が少なく，安定した品質のコンクリートを常に供給できるように配慮することが大切である．なお，これまでの実績では，JIS A 5011-3に適合する銅スラグ細骨材の品質の変動は小さいことが報告されている．

2.3 ワーカビリティー

銅スラグ細骨材コンクリートは，施工条件，構造条件，環境条件に応じてその運搬，打込み，締固め，仕上げ等の作業に適する良好なワーカビリティーを有していなければならない．

【解　説】　銅スラグ細骨材の密度は，JISでは$3.2g/cm^3$以上と規定されているが，実際には$3.4〜3.6g/cm^3$の範囲のものが多く，普通骨材に比べて大きい．また，骨材の表面はガラス質で保水性が低い．しかし，容積比で30%以下の混合率でCUS5-0.3またはCUS2.5を使用する場合には，銅スラグ細骨材コンクリートのワーカビリティーは，普通骨材コンクリートと同等と考えてよく，特別な配慮は必要ない．容積比で30%を超える高い混合率で用いる場合には，ブリーディング量が増大する場合があるため，そのような場合には減水効果の大きい混和剤を使用すること，各種鉱物質微粉末を使用しコンクリートの材料分離抵抗性を向上させること等の対策を施す必要がある．

2.3.1 充填性

（1）充填性は，構造物の種類，部材の種類および大きさ，鋼材量や鋼材の最小あき等の配筋条件とともに，場内運搬の方法や締固め作業方法等を考慮して，作業のできる範囲で適切に定めなければならない．
（2）充填性は，コンクリートの流動性と材料分離抵抗性から定める．
（3）銅スラグ細骨材コンクリートの流動性は，スランプを適切に設定することによって確保することを標準とする．
（4）銅スラグ細骨材コンクリートの材料分離抵抗性は，単位セメント量または単位粉体量，細骨材率，化学混和剤の種類または添加量等を適切に設定することによって確保することを標準とする．

【解　説】　（1）および（2）について　コンクリートに要求される充填性とは，振動締固めを通じて，コンクリートが材料分離することなく鉄筋間を通過し，かぶり部や隅角部等に密実に充填できる性能である．作業の条件に応じて必要とされる充填性は異なるため，種々の施工条件を考慮して適切な充填性を設定する

必要がある．

（3）について　銅スラグ細骨材コンクリートの密実な充填を確実に得るためには，打込み時に必要なスランプを確実に確保しておく必要がある．そのため，コンクリート標準示方書［施工編］に示されるように，打込みの最小スランプを設定するとともに，部材の構造条件や施工方法を考慮して荷卸しの目標スランプを設定するのがよい．

（4）について　銅スラグ細骨材コンクリートの材料分離抵抗性は，銅スラグ細骨材混合率が容積比で30%以下の場合は普通骨材コンクリートと同等であるが，それを超える混合率になると，銅スラグ細骨材混合率が高くなるにつれ材料分離抵抗性が低下することが懸念される．そのような場合には，普通骨材コンクリートよりも単位粉体量を多くする，細骨材率を増加させる，減水効果の大きい化学混和剤を使用し単位水量を低減する等の対策を講じるとよい．

2.3.2　圧送性

ポンプを用いて施工する場合は，フレッシュコンクリートは，圧送作業に適する流動性と適度な材料分離抵抗性を有していなければならない．

【解　説】　ポンプによる運搬を行う場合には，管内で閉塞を起こすことなく，計画された圧送条件の下で所定の圧送性を確保できることが必要であり，圧送前後でフレッシュコンクリートの品質が大きく変化しないことが望ましい．このような条件を満たすためには，コンクリートの配合を変更するだけでなく，ポンプの種類，輸送管の径，輸送距離等の施工条件の変更も検討して，総合的に適切な条件を決定する必要がある．

一般に，銅スラグ細骨材コンクリートの圧送性は，普通骨材コンクリートと同程度である．特に，CUS2.5を単独で使用（銅スラグ細骨材混合率 100%）としても圧送性に悪影響がないことが実験により確認されている．

コンクリートの圧送性は流動性と材料分離抵抗性から決まるため，銅スラグ細骨材を用いる場合でも適切なスランプと単位粉体量を設定することが基本となる．圧送による現場内運搬を行う場合には，圧送にともなうスランプの低下を適切に考慮した打込みの最小スランプを確保するための荷卸しの目標スランプや繰上がりの目標スランプを選定する必要がある．コンクリートの圧送計画に際しては，土木学会「コンクリートのポンプ施工指針」を参考にするとよい．

2.3.3　凝結特性

フレッシュコンクリートの凝結特性は，打重ね，仕上げ等の作業に適するものでなければならない．

【解　説】　凝結特性は，コンクリートの許容打重ね時間間隔，仕上げ時期，型枠に作用する側圧等と関連するものである．

凝結特性は，一般に JIS A 1147「コンクリートの凝結時間試験方法」によって得られる凝結の始発時間と終結時間で評価される．一般のコンクリート構造物の施工においては，始発時間5〜7時間，終結時間6〜10時間程度であり，これに合わせて一般的な施工計画が立てられている．

以前は，銅スラグ細骨材を用いた場合に凝結時間が遅れることが懸念されていた．この原因としては，循環して使用される冷却水中に酸化亜鉛が濃縮していたことが考えられている．現在では，銅スラグ細骨材の

製造方法が変わり，定期的に冷却水中の酸化亜鉛濃度が測定されるようになっており，凝結時間が遅れる銅スラグ細骨材が供給されることは無くなっている．

2.4 強度およびヤング係数

2.4.1 強　度

（1）　銅スラグ細骨材コンクリートの強度は，所定の材齢において，設計基準強度を指定された割合以上の確率で下回ってはならない．

（2）　銅スラグ細骨材コンクリートの強度は，一般には材齢 28 日における標準養生供試体の試験値で表すものとする．

（3）　必要に応じて，施工時の各段階で必要となるコンクリートの強度発現特性を確認しなければならない．

【解　説】　<u>（2）および（3）について</u>　銅スラグ細骨材コンクリートの圧縮強度は，混合率が容積比で 30%以下では普通骨材コンクリートと同等である．また，CUS2.5 の場合は，容積比で 30%を超えるの混合率で用いても，普通骨材コンクリートに対して強度が劣ることはない．CUS5-0.3 を混合率を高くして用いる場合には，試験によって確認を行う必要がある．

なお，銅スラグ細骨材コンクリートの割裂引張強度は，普通骨材コンクリートと同程度であるが，曲げ強度に関しては，CUS5-0.3 を用いても，CUS2.5 を用いても，細骨材の全てに銅スラグ細骨材を用いた場合には，普通骨材コンクリートの 8 割程度となることがある．ただし，銅スラグ細骨材混合率が容積比で 30%以下であれば，曲げ強度も，普通骨材コンクリートと同等と見なすことができる．

2.4.2　ヤング係数

銅スラグ細骨材コンクリートのヤング係数は，設計で考慮されている値を満足するものでなければならない．

【解　説】　銅スラグ細骨材コンクリートのヤング係数は，普通骨材コンクリートと比較して同等かそれ以上である．銅スラグ細骨材混合率を 50%または 100%とした銅スラグ細骨材コンクリートは，普通骨材コンクリートに比較してヤング係数が 2 割程度大きくなることが報告されている．

2.5　耐久性

2.5.1　コンクリートの耐久性

（1）　銅スラグ細骨材コンクリートは，構造物の供用期間中に受ける種々の物理的，化学的作用に対して十分な耐久性を有していなければならない．

（2）　銅スラグ細骨材コンクリートの材料および配合は，それを用いたコンクリートが所要の耐久性を満足するよう選定しなければならない．

【解　説】　（1）および（2）について　コンクリート構造物が所定の期間，所要の性能を発揮するためには，コンクリート自体の耐久性が必要となる．コンクリート自体の耐久性を阻害する要因には，凍害，化学的侵食，アルカリシリカ反応等がある．構造物が供用される環境において，コンクリートに耐凍害性，耐化学的侵食性，耐アルカリシリカ反応性等のいずれか，または複数の性能が要求される場合には，いずれの要求性能も十分に満足できる品質のコンクリートを使用しなければならない．

　銅スラグ細骨材コンクリートの耐凍害性は，AE剤を用い，所定の空気量とすることで確保することができる．なお，銅スラグ細骨材のうちCUS5-0.3を用いた場合には，エントラップトエアの量が大きくなるため，消泡剤を用いて過剰なエントラップトエアを減らし，適切な量のエントレインドエアが連行されるようにしなければならない．

　一方，凍結防止剤が散布される環境では表面損傷（スケーリング）が顕在化する恐れがある．スケーリングの発生を抑制するためには，水セメント比を低くすることおよびAE剤による適切な空気量の確保が有効である．

　銅スラグ細骨材コンクリートの耐化学的侵食性に関する実験データは，硫酸に対する抵抗性に関するものを除いて，ほとんど無いのが現状である．耐化学的侵食性が要求される場合には，適切な試験を行って確認しなければならない．

　JIS A 5011-3に適合する銅スラグ細骨材のアルカリシリカ反応性については，無害と判定されるものしか供給されないため，銅スラグ細骨材コンクリートが原因でアルカリシリカ反応が生じることは一般にはないと考えてよい．

2.5.2　鋼材を保護する性能

（1）　銅スラグ細骨材コンクリートは，その内部に配置される鋼材が供用期間中所要の機能を発揮できるよう，鋼材を保護する性能を有しなければならない．

（2）　フレッシュコンクリート中に含まれる塩化物イオンの総量は，原則として0.30kg/m³以下とする．

【解　説】　（1）について　銅スラグ細骨材コンクリートの中性化あるいは塩化物イオン等の拡散・透過性に関しては普通骨材コンクリートと同等である．したがって，銅スラグ細骨材コンクリートの鋼材を保護する性能は，普通骨材コンクリートと同等と考えてよい．ただし，ブリーディングが多くなることが予想される場合には，試験によって別途確認するのがよい．

　（2）について　以前は，銅スラグ細骨材の製造工程において，水砕時に海水を用いる製造所もあったが，現在，海水は使用されておらず，塩分（NaCl）量は0.01%以下である．

2.6　水　密　性

　銅スラグ細骨材コンクリートは，透水により構造物の機能が損なわれないよう，所要の水密性を有していなければならない．

【解　説】　水密性を必要とする構造物の場合は，普通骨材コンクリートと同様に，銅スラグ細骨材コンクリートの水セメント比を55%以下にするとともに，適切な混和材料を使用する等して，できるだけ単位水量

を小さくすることが重要である．このような銅スラグ細骨材コンクリートを入念に締め固めれば，普通骨材コンクリートと同等の水密性が得られることが実験で確認されている．

2.7　ひび割れ抵抗性

　銅スラグ細骨材コンクリートは，沈みひび割れ，プラスティック収縮ひび割れ，温度ひび割れ，自己収縮ひび割れあるいは乾燥収縮ひび割れ等の発生ができるだけ少ないものでなければならない．

【解　説】　コンクリートの施工のごく初期段階に発生する主なひび割れとしては，沈みひび割れやプラスティック収縮ひび割れがある．沈みひび割れを防ぐためには，減水効果を有する混和材料を用い，単位水量の少ない配合とすることが有効となる．また，施工上の配慮によってもひび割れの発生を防ぐことが可能であり，沈みひび割れは，ブリーディングを低減するとともに適切な時期にタンピングや再振動を施すことで防ぐことができる．ただし，タンピングや再振動によって防げるのは打込み面の沈みひび割れであり，セパレータ等で拘束されて側面に発生するひび割れを防ぐことは難しい．このような場合には，配合を検討してブリーディングを低減することが重要である．

　プラスティック収縮ひび割れは，コンクリートを打ち込んだ後に表面からの急速な乾燥を防止すれば，一般に防ぐことができる．プラスティック収縮ひび割れは，ブリーディング水の上昇速度に比べてコンクリート表面からの水分の蒸発量が大きい場合に生じることから，粉体量が多く，ブリーディングを少なくしたコンクリートでは特に水分逸散の防止が重要である．

　温度ひび割れを防ぐためにコンクリートの温度上昇を抑制するためには，水和熱の小さいセメントの選定や単位セメント量あるいは単位粉体量を小さくすることが必要となるが，銅スラグ細骨材コンクリートのセメント量や粉体量を小さくし過ぎると，材料分離やブリーディング率の増大が懸念されるため，配合は適切に定めなければならない．なお，温度応力解析で必要となる銅スラグ細骨材コンクリートの熱特性については，付録Ⅰに示されているので参考にするとよい．

　銅スラグ細骨材を用いて水セメント比あるいは水結合材比の小さいコンクリートとする場合には，自己収縮に対する配慮が必要となる．

　一般に，乾燥収縮については，吸水率の大きい骨材やヤング係数の小さい骨材を使用した場合に，収縮ひずみが大きくなる傾向がある．銅スラグ細骨材コンクリートの乾燥収縮は，銅スラグ細骨材の吸水率が小さいこと等のために，普通骨材コンクリートと比べて小さいことが実験により明らかになっている．

2.8　単位容積質量

　銅スラグ細骨材コンクリートの単位容積質量は，設計で考慮されている値を満足するものでなければならない．

【解　説】　銅スラグ細骨材の絶乾密度は，$3.5g/cm^3$程度であり一般的な普通細骨材よりも大きい．このことから，銅スラグ細骨材コンクリートの単位容積質量は，銅スラグ細骨材混合率が容積比で30％程度では一般的な普通骨材コンクリートよりも$100\ kg/m^3$大きくなる程度であるが，橋梁上部工や下部工等に用いる場

合は，設計段階で自重に対する配慮が不可欠となる．

　一方，銅スラグ細骨材混合率が容積比で30%を超える場合は，浮力の影響を考慮する必要がある消波ブロック等の港湾用途には効果的に利用できる．

3章　環境安全性

3.1　一　　般

（1）　銅スラグ細骨材コンクリートは，その使用される条件を考慮して，環境に悪影響を及ぼさないものでなければならない．

（2）　銅スラグ細骨材コンクリートの用途が一般用途の場合，環境安全品質は溶出量および含有量に関する環境安全品質基準を満たすことを照査しなければならない．

（3）　銅スラグ細骨材コンクリートの用途が港湾用途の場合，環境安全品質は溶出量に関する環境安全品質基準を満たすことを照査しなければならない．

【解　説】　（1）について　一般に，銅スラグ細骨材混合率が容積比で30%以下の銅スラグ細骨材コンクリートでは，JIS K 0058-1:2005「スラグ類の化学物質試験方法－第1部：溶出量試験方法」およびJIS K 0058-2:2005「スラグ類の化学物質試験方法－第2部：含有量試験方法」に基づき試験した溶出量と含有量が，環境安全品質基準に設定されている検査項目の全ての項目で基準値未満となる．容積比で30%を超える混合率の場合でも溶出量は基準値を超えることは少ないが，カドミウム，鉛，ひ素の含有量は基準値を超える可能性がある．したがって，一般用途のコンクリートに銅スラグ細骨材を用いる場合には，銅スラグ細骨材コンクリートに含まれるカドミウム，鉛，ひ素の含有量に注意する必要がある．

（2）および（3）について　銅スラグ細骨材を使用したコンクリートの環境安全品質は，**解説 表3.1.1**に示す8つの化学成分について環境安全品質基準を満足しなければならない．環境安全品質基準として，一般用途については溶出量基準と含有量基準が，港湾用途については溶出量基準が定められている．ただし，用途が特定できない場合および港湾用途であっても，再利用が予定されている場合は，一般用途として取り扱わなければならない．

これまでの実績では，銅スラグ製造所によらず銅スラグ細骨材混合率30%以下で溶出量および含有量が環境安全品質基準を満足できなかった例は無い．また，過去5年間に，国内の5つの銅スラグ製造所で行った実態調査では，水銀，六価クロム，ふっ素，ほう素，セレンの含有量は定量下限値未満で，これらが銅スラグに含有されている可能性は低い．日本鉱業協会では，付録Ⅱ「非鉄スラグ製品の製造販売ガイドライン」に示される通り，銅スラグ細骨材混合率30%以下で環境安全品質基準を満足できないものをコンクリート用として出荷しないことを取り決めており，環境安全品質を満足しない銅スラグが市場に供給される可能性は極めて低い．ただし，カドミウム，鉛，ひ素については，含有量が低くなく，設計段階においては使用が予定される銅スラグ細骨材の環境安全形式検査結果におけるこれらの含有量が環境安全基準を満足していることを確認する必要がある．

解説 表 3.1.1　環境安全品質基準

(a) 一般用途の場合

項目	溶出量 (mg/L)	含有量[a] (mg/kg)
カドミウム	0.01 以下	150 以下
鉛	0.01 以下	150 以下
六価クロム	0.05 以下	250 以下
ひ素	0.01 以下	150 以下
水銀	0.0005 以下	15 以下
セレン	0.01 以下	150 以下
ふっ素	0.8 以下	4000 以下
ほう素	1 以下	4000 以下

[a] ここでいう含有量とは，同語が一般的に意味する"全含有量"とは異なることに注意を要する．

(b) 港湾用途の場合

項目	溶出量 (mg/L)
カドミウム	0.03 以下
鉛	0.03 以下
六価クロム	0.15 以下
ひ素	0.03 以下
水銀	0.0015 以下
セレン	0.03 以下
ふっ素	15 以下
ほう素	20 以下

　化学成分の溶出量については，一般用途であれ港湾用途であっても，環境安全形式試験成績表に示される銅スラグ細骨材単体からのカドミウム，鉛，ひ素の溶出量が溶出量基準を満足していれば，銅スラグ細骨材コンクリートは安全と見なして良い．また，一般用途の銅スラグ細骨材の環境安全形式試験成績表には，利用模擬試料としてコンクリートを用いた溶出量試験および含有量試験の結果およびコンクリートの配合が示されているので参考にするとよい．なお，JIS A 5011-3では，環境安全形式検査に利用模擬試料を用いた場合の環境安全品質の保証は，銅スラグ細骨材が環境安全形式検査と同一とみなせる配合条件で使用する場合のみに限定されるとしているが，これは，コンクリートの材料および配合が厳密に一致しなければならないという意味ではなく，全く異なる配合条件で銅スラグ細骨材が使用されるところまでは保証しないことを意図したものである．どの程度までを同一と見なすかは，当事者間の協議や確認によればよいとされている．例えば，コンクリートの銅スラグ細骨材に起因する環境安全品質が悪い方向に大きく変わらない変更，例えば水セメント比の低減，セメントの種類や他の骨材の種類の変更等は問題とならない．

　30%を超える銅スラグ細骨材混合率で銅スラグ細骨材を一般用途のコンクリートに用いる場合の含有量については，使用が想定される配合のコンクリートを用いて，JIS K 0058-2:2005「スラグ類の化学物質試験方法−第2部：含有量試験方法」に基づき試験を行って，環境安全品質基準以下となることを確認する必要がある．

3.2 環境安全品質の設計値

銅スラグ細骨材に含まれる化学物質の含有量およびその溶出量の設計値は，使用が想定される銅スラグ細骨材を製造している工場が実施した環境安全形式検査の試験結果を用いてよい．

【解　説】　銅スラグ細骨材を製造する工場では，製品の原料や製造工程が変わる都度，または，3年に1度の定期に化学物質の含有量および溶出量に関する環境安全形式検査を実施している．銅スラグ細骨材を港湾用途のコンクリートの細骨材として用いる場合には，環境安全形式検査に示される銅スラグ細骨材単体の溶出試験の結果を設計値として，その値が港湾用途における環境安全品質基準以下となることを確認しなければならない．また，銅スラグ細骨材を，一般用途のコンクリートの細骨材として用いる場合には，環境安全形式検査に示される銅スラグ細骨材単体の溶出量試験に加えて，環境安全形式検査に示される利用模擬試料の化学成分の含有量試験の結果を設計値として，その値が一般用途における環境安全品質基準以下となることを確認しなければならない．

解説 図 3.2.1は，ある製造所における銅スラグ細骨材の鉛含有量と利用模擬試料の鉛含有量の関係を示したもの（利用模擬試料における銅スラグ細骨材混合率は30%）である．この製造所では，銅スラグ細骨材混合率が30%の銅スラグ細骨材コンクリートで，一般用途の安全基準である150 mg/kgを超えないように，鉛の含有量が660mg/kg以下の銅スラグ細骨材が出荷されている．なお，この製造所のパンフレットには，環境安全受渡検査判定値として，660mg/kgが示されている．この製造所で製造される銅スラグ細骨材のうち，660mg/kg以下のものを使用することが予め分かっている場合には，銅スラグ細骨材混合率を**解説 図** 3.2.2に示す値まで増加させることができる可能性がある．なお，図に示した値は，以下のようにして求めたものである．

環境安全受渡判定値がX（mg/kg）の製造所において鉛含有量がx（mg/kg）（ただし，$x \leq X$）の銅スラグ細骨材が製造される場合，この銅スラグ細骨材を用いた利用模擬試料の鉛含有量は$\frac{x}{X} \times 150$（mg/kg）となる．これが150mg/kgとなるときの銅スラグ細骨材混合率α（%）は，$\alpha = \frac{150}{(x/X) \times 150} \times 30$（%），すなわち，$\alpha = \frac{X}{x} \times 30$（%）と求まる．

30%を超える銅スラグ細骨材混合率で銅スラグ細骨材を用いる場合には，設計において，このような方法で環境安全品質を満足する概略の混合率を求めた上で，使用が想定される配合のコンクリートを用いて試験を行い，環境安全品質基準を満足していることを確認しなければならない．

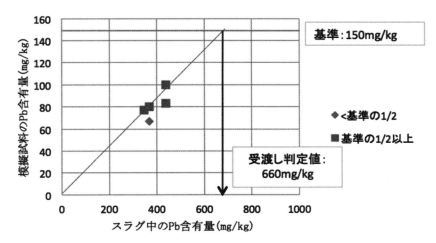

解説 図 3.2.1　銅スラグ細骨材とコンクリートの鉛含有量の関係の一例

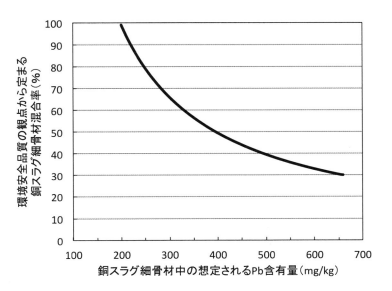

解説 図 3.2.2　環境安全品質の観点から定まる銅スラグ細骨材混合率の算定例

4章　性能照査

4.1　一般

> 銅スラグ細骨材コンクリートは，構造物に要求される性能を満足できる品質が確保されていなければならない．

【解　説】　コンクリート構造物の設計においては，構造物または構造物の一部に与えられる複数の要求性能を明確に設定し，それぞれに対応する等価な限界状態が規定される．それぞれの限界状態において，要求性能に応じた限界値が設定された上で，荷重や環境の作用により生じる応答値を算定し，応答値が限界値を超えないことを確認する．その具体な方法は，コンクリート標準示方書［設計編］に従うものとし，この指針では，所要の性能を持つコンクリート構造物を構築するために，銅スラグ細骨材コンクリートに求められる性能の照査方法を示す．すなわち，設計段階において断面形状，寸法，配筋が既に決定した構造物あるいは部材に対して，普通骨材コンクリートとは異なる配慮が必要と考えられる耐久性，水密性，ひび割れ，単位容積質量の照査について記述している．

4.2　耐久性

4.2.1　鋼材腐食に対する照査

4.2.1.1　一般

> 与えられた環境条件のもと，設計耐用期間中に，中性化や塩化物イオンの侵入等に伴う鋼材腐食によって構造物の所要の性能が損なわれてはならない．一般に，以下の（i）を確認した上で，（ii）または（iii）の照査を行うものとする．
> 　（i）　コンクリート表面のひび割れ幅が，鋼材腐食に対するひび割れ幅の限界値以下であること．
> 　（ii）　中性化深さが，設計耐用期間中に鋼材腐食発生限界深さに達しないこと．
> 　（iii）鋼材位置における塩化物イオン濃度が，設計耐用期間中に鋼材腐食発生限界濃度に達しないこと．

【解　説】　コンクリートの中性化とコンクリート中への塩化物イオンの侵入は，コンクリート中の鋼材腐食の原因となる．本項で用いられる照査は，コンクリート表面から鉄筋に向かう物質移動を想定したものであり，このような照査方法が成り立つのは，ひび割れ位置における局所的な腐食が生じないことが前提となる．このためには，ひび割れ幅が小さくなければならない．そこで，（i）によりひび割れ幅が鋼材腐食に対するひび割れ幅の限界値以下に抑えられていることを確認したことを前提に，（ii）中性化深さの照査，（iii）鋼材位置における塩化物イオン濃度の照査を行うこととした．

　コンクリートの中性化の恐れのない環境，ならびに塩化物イオンが飛来しない通常の屋外環境において供用される構造物はそれぞれ（ii），（iii）の照査は行わなくてよいが，それらの場合であっても過大なひび割れ幅は好ましいことではないので，ひび割れ幅は限界値以下に抑えることが望ましい．

4.2.1.2 中性化に伴う鋼材腐食に対する照査

中性化に対する照査は，中性化深さの設計値 y_d の鋼材腐食発生限界深さ y_{lim} に対する比に構造物係数 γ_i を乗じた値が，1.0以下であることを確かめることにより行うことを原則とする．

$$\gamma_i \frac{y_d}{y_{lim}} \leq 1.0 \tag{4.2.1}$$

ここに，γ_i　：構造物係数

y_{lim}　：鋼材腐食発生限界深さ．一般に，式（4.2.2）で求めてよい．

$$y_{lim} = c_d - c_k \tag{4.2.2}$$

ここに，c_d は、耐久性に関する照査に用いるかぶりの設計値（mm）で、施工誤差を予め考慮して、式（4.2.3）で求めることとする．

$$c_d = c - \Delta c_e \tag{4.2.3}$$

c　：かぶり（mm）

Δc_e　：施工誤差（mm）

c_k　：中性化残り（mm）．一般に，通常環境では10mmとしてよい．塩害環境下では10〜25mmとするのがよい．

y_d　：中性化深さの設計値．一般に，式（4.2.4）で求めてよい．

$$y_d = \gamma_{cb} \cdot \alpha_d \sqrt{t} \tag{4.2.4}$$

ここに，α_d　：中性化速度係数の設計値（mm／√年）

　　　　　　　$= \alpha_k \cdot \beta_e \cdot \gamma_c$

α_k　：中性化速度係数の特性値（mm／√年）

β_e　：環境作用の程度を表す係数．一般に，環境しにくい環境では1.0，環境しやすい環境では1.6としてよい．

γ_c　：コンクリートの材料係数．一般に1.0としてよい．ただし，上面の部位に関しては1.3とするのがよい．

γ_{cb}　：中性化深さの設計値 y_d のばらつきを考慮した安全係数．一般に1.15としてよい．

t　：中性化に対する耐用年数（年）．耐用年数100年を上限とする．

【解　説】　コンクリートは，大気中の二酸化炭素等の影響によって細孔溶液のpHが低下し，これがコンクリート中の鋼材位置まで達すると鋼材腐食が生じやすくなる．いったん腐食が始まると，腐食生成物の体積膨張がコンクリートにひび割れや剥離を引き起こし，鋼材の腐食が一層進み，断面減少等を伴うようになる．これによって構造物としての性能が所要のもの以下となることを防ぐ必要がある．これまでの報告から，中性化による鋼材の腐食は，コンクリートの品質や環境条件以外にも，かぶり不足や豆板・ひび割れ，養生不足等の施工による要因が関与しているとされている．したがって，十分に施工管理を実施することが大切である．

無筋コンクリートで，用心鉄筋も配置されていない構造物の場合には，中性化により鋼材が腐食し，構造物の性能を損なう恐れはないのでこの照査は不要である．用心鉄筋が配置されている場合には，用心鉄筋の配置位置と目的によっては，この照査が必要となる場合もある．

コンクリートの中性化による鋼材腐食の照査は，後述の5.4に示される中性化速度係数の特性値 α_k から中

性化速度係数の設計値α_dを求めた上で，中性化深さの設計値y_d，および鋼材腐食発生限界深さy_{lim}を用いて照査を行う．銅スラグ細骨材コンクリートの材料係数γ_cは，銅スラグ細骨材混合率が30%以下であれば普通骨材コンクリートと同じとしてよい．なお，コンクリートにおける環境作用の程度を表す係数β_eや中性化深さの設計値のばらつきを考慮した安全係数γ_{cb}は，銅スラグ細骨材置換率によらず普通骨材コンクリートと同じとする．

照査を満足できない場合には，かぶりを大きくする，コンクリートの水セメント比を小さくする等の対策が考えられる．

4.2.1.3 塩化物イオンの侵入に伴う鋼材腐食に対する照査

塩化物イオンの侵入に伴う鋼材腐食に対する照査は，鋼材位置における塩化物イオン濃度の設計値 C_d の鋼材腐食発生限界濃度 C_{lim} に対する比に構造物係数γ_iを乗じた値が，1.0以下であることを確かめることにより行うことを原則とする．

$$\gamma_i \frac{C_d}{C_{lim}} \leq 1.0 \tag{4.2.5}$$

ここに，　γ_i　：構造物係数

　　　　　C_{lim}　：鋼材腐食発生限界濃度（kg/m³）

　　　　　C_d　：鋼材位置における塩化物イオン濃度の設計値．一般に，式（4.2.6）により求めてよい．

$$C_d = \gamma_{cl} \cdot \left(1 - erf\left(\frac{0.1 \cdot c_d}{2\sqrt{D_d \cdot t}}\right)\right) + C_i \tag{4.2.6}$$

ここに，　C_0　：コンクリート表面における塩化物イオン濃度（kg/m³）．

　　　　　c_d　：耐久性に関する照査に用いるかぶりの設計値（mm）．施工誤差を予め考慮して，式（4.2.7）で求めることとする．

$$c_d = c - \Delta c_e \tag{4.2.7}$$

　　　　　c　：かぶり（mm）

　　　　　Δc_e　：施工誤差（mm）

　　　　　t　：塩化物イオンの侵入に対する耐用年数（年）．一般に，式（4.2.6）で算定する鋼材位置における塩化物イオンに対しては，耐用年数100年を上限とする．

　　　　　γ_{cl}　：鋼材位置における塩化物イオン濃度の設計値 C_d のばらつきを考慮した安全係数．

　　　　　D_d　：塩化物イオンに対する設計拡散係数（cm²/年）．

　　　　　C_0　：初期塩化物イオン濃度（kg/m³）．一般に 0.3 kg/m³ としてよい．

なお，$erf(s)$は，誤差関数であり，$erf(s) = \frac{2}{\sqrt{\pi}} \int_0^s e^{-\eta^2} d\eta$ で表される．

【解　説】　鋼材に腐食が生じても構造物が所要の性能を有していれば，供用上の問題はないと判断される．すなわち，鋼材が発錆しても，コンクリートに腐食に起因したひび割れが発生するまでは，構造物の性能が確保されていると考えてよい．ただし，鋼材の腐食発生から腐食ひび割れ発生までの期間を精度よく予測することは現状では難しいことから，鋼材の発錆を照査対象の限界状態としている．

無筋コンクリートで，用心鉄筋も配置されていない構造物の場合には，塩化物イオンの侵入により鋼材が

腐食し，構造物の性能を損なう恐れはないのでこの照査は不要である．用心鉄筋が配置されている場合には，用心鉄筋の配置位置と目的によっては，この照査が必要となる場合もある．その場合にはこの項に準じて照査すればよい．

　塩化物イオンの侵入に対する構造物の性能照査にあたっては，供用期間中に鋼材に腐食を発生させないことを条件とすることが分かりやすく，また最も安全側の照査となる．そこで，鋼材位置における塩化物イオン濃度が鋼材腐食発生限界濃度以下であることを確認すればよい．ただし，可能であれば，対象とするコンクリート構造物の要求性能や重要度に応じ，塩化物イオンの侵入による鋼材腐食に起因するコンクリートのひび割れ発生を限界状態とした照査を行うとよい．なお，ここでの塩化物イオン濃度とは，コンクリート中の液相における実際の塩化物イオン濃度のことではなく，コンクリート単位体積当りの全塩化物量を指している．

　具体的には，後述の5.5に示される塩化物イオン拡散係数の特性値D_kからその設計値D_dを求めた上で，鋼材位置における塩化物イオン濃度の設計値C_d，および鋼材腐食発生限界濃度C_{lim}を用いて照査を行う．銅スラグ細骨材コンクリートの材料係数γ_cは，銅スラグ細骨材混合率が30%以下であれば普通骨材コンクリートと同じとしてよい．なお，コンクリートにおける鋼材腐食発生限界濃度C_{lim}や鋼材位置における塩化物イオン濃度の設計値C_dのばらつきを考慮した安全係数γ_{cl}等の安全係数は，銅スラグ細骨材置換率によらず普通骨材コンクリートと同じとする．

　照査を満足できない場合には，かぶりを大きくする，コンクリートの水セメント比を小さくする，混合セメントを使用する等の対策が考えられる．

4.2.2　コンクリートの劣化に対する照査

4.2.2.1　凍害に対する照査

（1）凍害に対する照査は，内部損傷に対する照査と表面損傷（スケーリング）に対する照査に分けて行うことを原則とする．

（2）内部損傷に対する照査は，構造物内部のコンクリートが劣化を受けた場合に関して，凍結融解試験における相対動弾性係数の最小限界値E_{min}とその設計値E_dの比に構造物係数γ_iを乗じた値が，1.0以下であることを確かめることにより行うことを原則とする．ただし，一般の構造物の場合であって，凍結融解試験における相対動弾性係数の特性値が90%以上の場合には，この照査を行わなくてよい．

$$\gamma_i \frac{E_{min}}{E_d} \leq 1.0 \tag{4.2.8}$$

ここに，γ_i：構造物係数

　　　　E_d：凍結融解試験における相対動弾性係数の設計値

　　　　E_{min}：凍害に関する性能を満足するための凍結融解試験における相対動弾性係数の最小限界値

（3）表面損傷（スケーリング）に関する照査は，構造物表面のコンクリートが凍害を受けた場合に関して，コンクリートのスケーリング量の限界値d_{lim}とその設計値d_dとの比に構造物係数γ_iを乗じた値が，1.0以下であることを確かめることにより行うことを原則とする．

$$\gamma_i \frac{d_d}{d_{lim}} \leq 1.0 \tag{4.2.9}$$

ここに，γ_i ：構造物係数

d_d ：コンクリートのスケーリング量の設計値（g/m^2）

d_{lim} ：コンクリートのスケーリング量の限界（g/m^2）

【解　説】　（1）について　凍結融解作用によるポップアウト，スケーリング，微細ひび割れといった凍害によるコンクリートの劣化により，コンクリートの種々の材料特性は影響を受け，物質透過性は大きくなり，強度や剛性といった力学特性は低下する．しかし，凍害による劣化の程度と材料特性さらには構造物の性能の関係については，現段階では定量的に評価された研究成果は十分ではない．したがって，構造物に要求される性能との関係で凍害による劣化の程度や深さの限界値を定め，これを性能照査の指標として用いることは難しい．現状においては一般のコンクリート構造物において，凍結融解によってコンクリートに多少の劣化は生じるが構造物の機能は損なわないレベルを，凍結融解作用に関する構造物の性能の限界状態と考え，構造物の凍結融解作用に関する照査をコンクリートの凍結融解作用に関する照査に置き換える．このとき，海水の影響のある海岸構造物や凍結防止剤の散布が行われる道路構造物では，塩化物イオンの影響によりスケーリングによる表面の劣化が著しくなる事例が報告されている．構造物内部の損傷とスケーリングやポップアウトのような表面の損傷では，劣化機構が異なり，かつ劣化機構が構造物の性能に与える影響が異なるため，内部損傷と表面損傷ごとに照査を行うこととした．

なお，コンクリートが凍結する恐れのない場合には，凍害に関する構造物の性能を照査しなくてもよい．

（2）および（3）について　コンクリートの耐凍害性は，コンクリートの品質のほか，最低温度，凍結融解繰返し回数，飽水度等，多くの要因が影響し，それらを正確に評価することは容易ではないが，一般にはコンクリート自体に凍結融解作用に対する適切な抵抗性を与えることで対処できることが多い．

凍結融解作用によるコンクリートの凍害のうち，構造物の内部損傷に対しては，促進凍結融解試験結果とコンクリート構造物の凍害による劣化状況の関係が既往の実績や研究成果からある程度明らかにされているため，促進凍結融解試験の結果として得られるコンクリートの相対動弾性係数を指標として，凍結融解作用に関するコンクリートの性能照査を行ってよいことにした．一方，スケーリングのような表面損傷に対しては，凍結融解作用に伴うスケーリングによるコンクリートの質量減少量であるスケーリング量を指標としてよいこととした．

具体的には，後述の5.6に示される凍結融解試験における相対動弾性係数の特性値E_kからその設計値E_dを求めた上で，内部損傷に対する性能を満足するための相対動弾性係数の最小限界値E_{lim}を用いて照査を行う．また，表面損傷（スケーリング）に関する照査は，スケーリング量の特性値d_kからその設計値d_dを求めた上で，表面損傷（スケーリング）に対する性能を満足するためのスケーリング量の最小限界値d_{lim}を用いて照査を行う．銅スラグ細骨材コンクリートにおけるコンクリートの材料係数γ_cは，銅スラグ細骨材混合率が30%以下であれば普通骨材コンクリートと同じとしてよいが，ブリーディング量が大きくなることが懸念される場合には，その値を大きくするのがよい．

照査を満足できない場合には，スラグ混合率を低下させる，コンクリートの水セメント比を小さくする，空気量を増やす等の対策が考えられる．

4章　性能照査　21

4.2.2.2 化学的侵食に対する照査

（1）　化学的侵食に対する照査は，化学的侵食深さの設計値 y_{ced} のかぶり c_d に対する比に構造物係数 γ_i を乗じた値が，1.0以下であることを確かめることにより行うことを原則とする．ただし，コンクリートが所要の耐化学的侵食性を満足すれば，化学的侵食によって構造物の所要の性能は失われないとし，この照査を行わなくてよい．

$$\gamma_i \frac{y_{ced}}{c_d} \leq 1.0 \tag{4.2.10}$$

ここに，γ_i　：構造物係数
　　　　y_{ced}　：化学的侵食深さの設計値
　　　　c_d　：耐久性に関する照査に用いるかぶりの設計値

（2）　化学的侵食作用が非常に厳しい場合には，一般に，化学的侵食を抑制するためのコンクリート表面被覆や腐食防止処置を施した補強材の使用等の対策を行うものとする．その場合には，対策の効果を適切な方法で評価しなければならない．

【解　説】　（1）について　化学的侵食とは，侵食性物質とコンクリートとの接触によるコンクリートの溶解・劣化や，コンクリートに侵入した侵食性物質がセメント組成物質や鋼材と反応し，体積膨張によるひび割れやかぶりの剥離等を引き起こす劣化現象である．現段階では，侵食性物質の接触や侵入によるコンクリートの劣化が，構造物の機能低下に与える影響を定量的に評価するまでの知見は必ずしも得られていない．したがって，現状においては，構造物の要求性能，構造形式，重要度，維持管理の難易度および環境の厳しさ等を考慮して，侵食性物質の接触や侵入によるコンクリートの劣化が顕在化しないことや，その影響が鋼材位置まで及ばないこと等を限界状態とするのが妥当である．なお，環境作用としてコンクリートが化学的侵食を受けない場合，あるいはコンクリートの化学的侵食が構造物の所要の性能への影響が無視できるほど小さい場合は，この照査を省略できる．

　銅スラグ細骨材コンクリートの耐化学的侵食性に関する実験データは，硫酸に対する抵抗性に関するものを除いて，ほとんど無いのが現状である．このため，銅スラグ細骨材コンクリートの化学的侵食深さ y_{ced} は，実験データあるいは実構造物の調査結果等に基づき適切に定める必要がある．

　（2）について　下水道環境や温泉環境等の化学的侵食作用が非常に厳しい場合には，かぶりおよびコンクリートの抵抗性のみで化学的侵食に対する性能を確保することは一般に難しい．このような場合には，化学的侵食を抑制するためのコンクリート表面被覆，腐食防止処置を施した補強材の使用等の対策を施すのが現実的かつ合理的であることが多い．このような対策を行う場合には，実際に処理を行った状態で暴露実験を実施する等，化学的侵食に対する抵抗性を確認しなければならない．なお，特に下水道環境における劣化に対しては，下水道コンクリート構造物の設計，施工，維持管理に関する具体的手法が示されている日本下水道事業団「下水道コンクリート構造物の腐食抑制技術及び防食技術マニュアル」を参考にするとよい．

4.3 水密性に対する照査

(1) 水密性に対する照査は，透水によって構造物の機能が損なわれないことを照査することとする．

(2) 水密性の照査は，構造物の各部分に対して行い，その指標には透水量を用いることを原則とする．

【解 説】 （1）および（2）について 水密を要するコンクリート構造物とは，透水により構造物の安全性，耐久性，機能性，維持管理，外観等が影響を受ける構造物で，各種貯蔵施設，地下構造物，水理構造物，貯水槽，上下水道施設，トンネル等が挙げられる．また，長期において，コンクリート中のカルシウム分の外部への溶脱が，構造物の所要の性能を損なうことも考えられる．なお，構造物に特段の水密性を要求しない場合には，この節の照査を行わなくてもよい．

4.4 ひび割れに対する照査

(1) 初期ひび割れが，構造物の所要の性能に影響しないことを確認しなければならない．

(2) 沈みひび割れおよびプラスティック収縮ひび割れについては，一般にその照査を省略してもよい．

(3) セメントの水和に起因するひび割れが問題となる場合には，実績による評価，または温度応力解析による評価のいずれかの方法により照査しなければならない．

(4) ひび割れの制御を目的としてひび割れ誘発目地を設ける場合には，構造物の機能を損なわないように，その構造および位置を定めなければならない．

(5) コンクリートの乾燥収縮に伴うひび割れが，構造物の所要の性能に影響しないことを確認しなければならない．

【解 説】 （1）について 施工段階に発生するひび割れが設計耐用期間にわたる構造物の種々の性能に及ぼす影響は必ずしも明らかにされてはいないが，耐久性，安全性，使用性，復旧性の照査は，構造物の所要の性能に影響するような初期ひび割れが施工段階で発生しないことを前提としていることは言うまでもない．施工段階で発生する初期ひび割れが構造物の所要の性能に影響しないことを確かめておけば，設計耐用期間中の性能を確保する上では十分に安心できることも事実である．施工段階に発生する体積変化に起因するひび割れの制御には様々な対処が可能であり，配合設計や構造諸元が確定した後でも，施工手順や養生方法等によって制御することも可能である．また，施工段階で発生するひび割れは，供用開始後に発生するひび割れとは異なり，構造物の受け取り検査時に，容易に発見できる特徴を有する．なお，セメントの水和に起因するひび割れが構造物の性能に与える影響の有無を確認する方法は，コンクリート標準示方書[設計編]に示されている．構造物の所要の性能に悪影響を与えないように初期ひび割れに対する限界値を明確に定め，照査を行うことが肝要である．

上述のように，耐久性，安全性，使用性，復旧性の照査は構造物の所要の性能に影響するような初期ひび割れが発生しないことを前提としていることから，初期ひび割れに対する照査も設計段階で行われることを念頭に置いている．しかし，場合によっては，初期ひび割れに対する照査を施工段階または設計段階と施工段階の両方で実施した方がより合理的であることがある．その場合も，設計段階において，どの時点で初期ひび割れに対する照査を行うのかを定めておく必要がある．この節は，初期ひび割れに対する照査が施工段

階で実施される場合，あるいは設計段階と施工段階の両者で実施される場合に参照されることも想定して記述している．

（2）について　施工段階に発生する主なひび割れとして，硬化前に発生する材料分離や急速な乾燥が主たる要因となるひび割れ，および水和や乾燥に伴うコンクリートの体積変化に起因するひび割れを取り上げた．しかし，沈みひび割れは，骨材の沈下や材料分離によって鉄筋上面や変断面部に発生することがあるが，適切な時期にタンピングを施すと一般に防ぐことができる．また，プラスティック収縮ひび割れは，ブリーディング水の上昇速度に比べ，表面からの水分の蒸発量が大きい場合に生じる恐れがあるが，コンクリートを打ち込んだ後に表面からの急速な乾燥を防止すれば，一般に防ぐことができる．すなわち，コンクリート標準示方書［施工編：施工標準］に従って施工すれば，問題となるような沈みひび割れやプラスティック収縮ひび割れの発生を防ぐことができるのでこれらのひび割れの照査を省略してもよい．セメントの水和に起因するひび割れにおいても，安全性，使用性，耐久性，美観等の観点を十分に考慮しても問題ないと判断されるようなきわめて微細なひび割れは，照査を省略してもよい．

（3）について　セメントの水和に起因するひび割れの照査には，大きく分けて既往の実績による評価と温度応力解析による評価の2つ方法がある．たとえば鉄筋コンクリート高架橋等のように，同種の構造物が数多く施工される場合には，既往の施工実績から，施工段階で発生する初期ひび割れを予測することができる．また，ひび割れ誘発目地等のひび割れ抑制対策の効果も同様に既往の施工実績より推定することができる．しかしながら，銅スラグ細骨材コンクリートでは，施工実績から初期ひび割れの発生を予測し，誘発目地の効果を推定できる十分なデータの蓄積がない．そのことから，温度ひび割れ等のセメントの水和に起因するひび割れの照査や誘発目地の検討を行う場合は，温度応力解析に基づいた照査が原則となる．温度応力解析によって照査を行う場合には，解析評価の精度向上をはかるために，工事に用いる材料や現地の地盤・岩盤の物性値を基に設計値に定めることが望ましい．ただし，実測値を用いない場合は信頼できるデータに基づいて材料の設計値を定めてよい．

（4）について　一般にマッシブな壁状の構造物等に発生する温度ひび割れを材料，配合上の対策により制御することは難しい場合が多い．また，水密性を要するコンクリートにおいては，ひび割れの発生は所期の目的を達成できなくしてしまう．このような場合，構造物の長手方向に一定間隔で断面減少部分を設け，その部分にひび割れを誘発し，その他の部分でのひび割れ発生を防止するとともに，ひび割れ箇所での事後処置を容易にする方法がある．予定箇所にひび割れを確実に入れるためには，誘発目地の断面欠損率を50%程度とする必要がある．ひび割れ誘発目地の間隔は，構造物の寸法，鉄筋量，打込み温度，打込み方法等に大きく影響されるので，これらを考慮して決める必要がある．また，目地部の鉄筋の腐食を防止する方法，所定のかぶりを保持する方法，目地に用いる充填材の選定等についても十分な配慮が必要である．ひび割れ誘発目地を設けることにより，壁状の構造物等では，比較的容易にひび割れ制御を行うことができる．しかし，ひび割れ誘発目地は，構造上の弱点部にもなり得ることから，その構造および位置等は過去の実績等も参考にしながら適切に定める必要がある．

（5）について　乾燥収縮等のコンクリートの収縮に伴うひび割れは，構造物の美観を損ない，コンクリートの機能性，耐久性を低下させる原因となる．コンクリートの乾燥収縮に伴うひび割れは，コンクリートの使用材料，配合，構造物の形状，寸法，拘束条件，温度，湿度等の環境条件の違いによって，構造物表面に分散する浅いひび割れとなる場合もあれば，鉄筋に到達するひび割れ，部材を貫通するひび割れとなる場合もある．したがって，構造物の性能への影響も多様である．従来，乾燥収縮によるひび割れは，構造的に重要度の低い部材に多いこと，湿潤により閉じる傾向にあること，乾燥によってひび割れが開いている状態

でも内部の鋼材に対して容易に水分が供給されないこと等から，構造物の性能への影響は比較的軽微であると考えられてきた．しかし，過大な収縮によるひび割れが部材の剛性やたわみに影響を及ぼす場合もあるので，構造物の所要の性能に影響しないことを設計段階で確認しておくことが望ましい．

配合や環境によっては，温度変化による体積変化および自己収縮によって応力が構造物中のコンクリートに蓄積された状態で乾燥を受けることにより，ひび割れが生じることもある．この場合には，コンクリートの温度変化による体積変化，自己収縮に加えて，乾燥収縮やクリープを考慮して，構造物中のコンクリートに導入される応力を評価し，ひび割れの発生やひび割れ幅，剛性やたわみ等を予測することが望ましい．

4.5 単位容積質量に対する照査

コンクリートの単位容積質量が，設計において設定した範囲内にあることを照査しなければならない．

【解　説】　コンクリートの単位容積質量を決定する最も大きな要因は，骨材の密度である．設計においては，使用材料の密度およびコンクリートの配合から単位容積質量を求め，設定した範囲内にあることを照査しなければならない．また，コンクリートの単位容積質量を調べる方法として，フレッシュコンクリートの単位容積質量を測定する方法があり，JIS A 1116「フレッシュコンクリートの単位容積質量試験方法」により行うことを標準とする．

5章　材料の設計値

5.1　一　般

（1）　銅スラグ細骨材コンクリートの品質は，性能照査上の必要性に応じて，圧縮強度あるいは引張強度に加え，その他の強度特性，ヤング係数やその他の変形特性，熱特性，耐久性，水密性，単位容積質量等の材料特性によって表される．強度特性，変形特性については，必要に応じて載荷速度の影響を考慮しなければならない．

（2）　銅スラグ細骨材コンクリートの品質に関する設計値は，銅スラグ細骨材コンクリートの品質に関する特性値を銅スラグ細骨材コンクリートの材料係数で除した値（または乗じた値）とする．

（3）　銅スラグ細骨材コンクリートの材料係数γ_cは，照査する性能に応じて適切に設定する．

（4）　材料強度の特性値f_kは，試験値のばらつきを想定したうえで，大部分の試験値がその値を下回らないことが保証される値とする．

【解　説】　（1）について　構造物または部材に用いられるコンクリートは，使用目的，環境条件，設計耐用期間，施工条件等を考慮して，適切な種類および品質のものを使用する必要がある．

強度特性は，圧縮強度，引張強度，付着強度等の静的強度や疲労強度の諸量で表される．変形特性は，非時間依存性のヤング係数やポアソン比等，あるいは時間依存性のクリープ係数や収縮ひずみで表される．また，応力－ひずみ関係のように2つの力学因子間の関係で表される力学特性もある．

物理特性には，熱膨張係数や比熱等の熱特性，密度，水密性，気密性等が含まれるが，現在のところ，密度および熱特性についての数量的な取扱いが一般化されている．

化学特性には，酸類の侵食や硫酸塩の分解作用に対する抵抗性等がある．

コンクリートの耐久性は，気象作用をはじめ，化学物質の浸透・侵食作用，その他の種々の作用とそれらの時間経過に伴って生じる劣化に対する抵抗性であり，鉄筋コンクリートの耐久性は，さらに鋼材の腐食に対する時間経過を考慮した抵抗性が問題とされる．特に，鋼材の腐食に対しては，コンクリートの中性化および塩化物イオンの侵入に対する抵抗性を指標とした耐久性能照査が行われるようになっている．

また，銅スラグ細骨材コンクリートは，単位容積質量および環境安全品質についても所要の品質をもつ必要がある．環境安全品質は，銅スラグ細骨材に含まれる化学物資の含有量および溶出量によって表される．

銅スラグ細骨材コンクリートの品質は，使用材料や配合の条件ばかりでなく，施工条件さらにはコンクリートの使用される環境条件によっても大きく影響される場合がある．これらの条件が多様であるため，ここでは通常の設計段階で用いられる諸特性の一般的な数値として，主にポルトランドセメントを用いて常温の大気中で施工され，通常の環境条件のもとにあるコンクリートを対象としたものが示されている．これらの数値は一つの標準値であり，諸条件の変化に対して変動の範囲が小さなものもあるが，変動の範囲が大きなものもある．このため，コンクリートの材料特性について，実際の使用材料，配合，施工，環境等の条件のもとでの信頼できる数値が得られるならば，ここに示された諸数値の代わりに，実際に即した値を用いることが望ましい．

この章で示されている材料特性の値は，静的および通常の動的作用に対する限界状態の照査に用いてよい．

衝撃を考慮する場合のように，ひずみ速度の影響を特に考慮する必要がある場合は，信頼性の高い実験等により得られた値を用いなければならない．なお，圧縮強度，引張強度，ヤング係数，最大応力時のひずみ等の材料特性に対する載荷速度の影響を必要に応じて検討するのがよい．

（2）について　銅スラグ細骨材コンクリートの品質に関する設計値は，一般に式（解 5.1.1）により求めてよい．特性値の性質がコンクリート構造物の性能に与える影響を考慮し，設計値が安全側となるようその特性値の性質に応じてコンクリートの材料係数を除した値，あるいは乗じた値とする．

$$m_d = \frac{m_k}{\gamma_c} \quad \text{または} \quad m_d = \gamma_c \cdot m_k \tag{解 5.1.1}$$

ここに，　m_d　：銅スラグ細骨材コンクリートの品質に関する設計値
　　　　　m_k　：銅スラグ細骨材コンクリートの品質に関する特性値
　　　　　γ_c　：銅スラグ細骨材コンクリートの材料係数

（3）について　銅スラグ細骨材コンクリートの材料係数は，材料の特性値からの望ましくない方向への変動，供試体と構造物中との材料特性の差異，材料特性が限界状態に及ぼす影響，材料特性の経時変化等を考慮して定めるものとする．銅スラグ細骨材コンクリートの材料係数は照査する性能に応じて設定することとなるが，銅スラグ細骨材混合率が容積比で30%以下であれば，コンクリート標準示方書［設計編］およびこの指針を適用する場合の標準的な値（**解説 表**5.1.1）を用いてよい．

解説 表 5.1.1　標準的なコンクリートの材料係数の値

要求性能	コンクリートの材料係数 γ_c
安全性（断面破壊，疲労）※	1.3
使用性※	1.0
耐久性	一般に 1.0 としてよい．ただし，上面の部位に関しては 1.3 とするのがよい

※線形解析を用いる場合

（4）について　材料強度の特性値 f_k は，一般に式（解 3.1.2）により求めてよい．

$$f_k = f_m - k\sigma = f_m(1-k\delta) \tag{解 5.1.2}$$

ここに，　f_m　：試験値の平均値
　　　　　σ　：試験値の標準偏差
　　　　　δ　：変動係数（標準偏差を平均値で割った値）
　　　　　k　：係数

係数 k は，特性値より小さい試験値が得られる確率と試験値の分布形より定まるものである．特性値を下回る確率を 5%とし，分布形を正規分布とすると，係数 k は 1.645 となる．

5.2 強　度，応力-ひずみ曲線，ヤング係数，ポアソン比

（1）　銅スラグ細骨材コンクリートの強度の特性値は，原則として材齢28日における試験強度に基づいて定めるものとする．ただし，使用目的，主な荷重の作用する時期および施工時期等に応じて，適切な材齢における試験強度に基づいて定めても良い．

圧縮試験は，JIS A 1108「コンクリートの圧縮強度試験方法」による．

引張試験は，JIS A 1113「コンクリートの割裂引張試験方法」による．

曲げ試験は，JIS A 1106「コンクリートの曲げ強度試験方法」による．

（2）　JIS A 5308に適合するレディーミクストコンクリートを用いる場合には，購入者が指定する呼び強度を，一般に圧縮強度の特性値f'_{ck}としてよい．

（3）　銅スラグ細骨材コンクリートの付着強度および支圧強度の特性値は，適切な試験により求めた試験強度に基づいて定めるものとする．

（4）　銅スラグ細骨材コンクリートの曲げひび割れ強度は，乾燥，水和熱，寸法の影響を考慮して適切に定めるものとする．

（5）　限界状態の照査の目的に応じて，コンクリートの応力-ひずみ曲線を仮定するものとする．

（6）　銅スラグ細骨材コンクリートのヤング係数は，原則としてJIS A 1149によって求めるものとする．

（7）　銅スラグ細骨材コンクリートのポアソン比は，弾性範囲内では，一般に0.2としてよい．ただし，引張を受け，ひび割れを許容する場合は0とする．

【解　説】　（1）について　銅スラグ細骨材コンクリートが適切に養生されている場合，その圧縮強度は材齢とともに増加し，一般の構造物では，標準養生を行った供試体の材齢28日における圧縮強度以上となることが期待できる．この点を考慮して，コンクリート強度特性は，一般の構造物に対してコンクリート標準供試体の材齢28日における試験強度に基づいて定めることを原則とした．

銅スラグ細骨材コンクリートの圧縮強度と引張強度との関係は，普通骨材コンクリートと同程度との実験データが得られている．よって，銅スラグ細骨材コンクリートの引張強度は，一般の普通コンクリートと同様に，圧縮強度の特性値f'_{ck}（設計基準強度）に基づいて，式（解 5.2.1）により求めてよいこととした．ここで，強度の単位はN/mm²である．

$$f_{tk} = 0.23 f'^{2/3}_{ck} \qquad (\text{解 } 5.2.1)$$

なお，本指針におけるスラグ骨材コンクリートの圧縮強度の根拠となるデータの範囲は，20～70 N/mm²程度である．

（3）について　付着強度は，JSCE-G 503「引き抜き試験による鉄筋とコンクリートの付着強度試験方法（案）」による．銅スラグ細骨材コンクリートの圧縮強度と付着強度との関係は，普通骨材コンクリートと同程度との実験データが得られている．よって，銅スラグ細骨材コンクリートの付着強度の特性値は，一般の普通コンクリートと同様に，圧縮強度の特性値f'_{ck}（設計基準強度）に基づいて，式（解 5.2.2）により求めてよいこととした．ここで，強度の単位はN/mm²である．

付着強度は，JIS G 3112の規定を満足する異形鉄筋について，

$$f_{bok} = 0.28 f'^{2/3}_{ck} \qquad (\text{解 } 5.2.2)$$

ただし，$f_{bok} \leq 4.2$ N/mm²

普通丸鋼の場合は，異形鉄筋の場合の40％とする．ただし，鉄筋端部に半円形フックを設けるものとする．一般に，普通骨材コンクリートの支圧強度は，圧縮強度の関数として与えることができる．しかし，銅スラグ細骨材コンクリートの支圧強度については十分な試験データがないことから，構造性能照査において支圧強度が必要となる場合には，試験等によって特性値を定める必要がある．

<u>（4）について</u>　銅スラグ細骨材コンクリートの曲げひび割れ強度は，式（解 5.2.3）により求めてよい．

$$f_{bck} = k_{0b} k_{1b} f_{tk} \tag{解 5.2.3}$$

ここに，
$$k_{0b} = 1 + \frac{1}{0.85 + 4.5(h/l_{ch})} \tag{解 5.2.4}$$

$$k_{1b} = \frac{0.55}{\sqrt[4]{h}} \quad (\geq 0.4) \tag{解 5.2.5}$$

k_{0b}　：コンクリートの引張軟化特性に起因する引張強度と曲げ強度の関係を表す係数
k_{1b}　：乾燥，水和熱等，その他の原因によるひび割れ強度の低下を表す係数
h　：部材の高さ（m）（＞0.2）
l_{ch}　：特性長さ（m）（$= G_F E_c / f_{tk}^2$，E_c：ヤング係数，G_F：破壊エネルギー，f_{tk}：引張強度の特性値．）

曲げひび割れ強度の算定にあたっては，軟化特性を考慮することによって解析的に説明できる寸法効果を取り込み，乾燥や水和熱等に起因する影響は分離して扱い，過去の実験結果から定量化した．乾燥や水和熱等による影響が定量的に評価できる場合には，将来的にこれを取込めるようにした．

<u>（5）について</u>　銅スラグ細骨材コンクリートの場合でも，応力－ひずみ曲線はコンクリートの種類，材齢，作用する応力状態，載荷速度および載荷経路等によって相当に異なる．しかしながら，棒部材の断面終局耐力のように，応力－ひずみ曲線の相違が大きな影響を与えない場合がある．一般に，銅スラグ細骨材コンクリートの応力－ひずみ曲線は，コンクリート標準示方書［設計編］に示される曲線を用いてよい．

<u>（6）について</u>　銅スラグ細骨材コンクリートのヤング係数は，その製造方法や混合率，品質の程度によって，大きく変動することが知られている．コンクリートのヤング係数の値は，他の特性値と比べて構造物の安全性に及ぼす影響は小さいが，ヤング係数が構造性能に大きな影響を与える場合には，諸条件を十分に吟味し，必要ならば実際に使用する材料を用いて実測した値を用いるのが望ましい．

なお，試験によらない場合は，構造物の使用性の照査や疲労破壊に対する安全性の照査における弾性変形または不静定力の計算には，一般に式（解 5.2.6）から求められるヤング係数 E_c (N/mm²)を用いてよい．

$$E_c = \left(2.2 + \frac{f_c' - 18}{20}\right) \times 10^4 \quad f_c' < 30 \text{N/mm}^2 \tag{解 5.2.6}$$

$$E_c = \left(2.8 + \frac{f_c' - 30}{33}\right) \times 10^4 \quad 30 \leq f_c' < 40 \text{N/mm}^2$$

5.3 熱物性

銅スラグ細骨材コンクリートの熱伝導率，熱拡散率，比熱等の熱物性値は，その配合を考慮して実験あるいは既往のデータに基づいて定めるものとする．

【解　説】　コンクリートの熱物性は，一般に体積の大部分を占める骨材の特性によって大きく影響される．銅スラグ細骨材コンクリートの熱物性は，熱伝導率や比熱，熱拡散率，熱膨張係数等があるが，銅スラグ細骨材の製造方法や混合率，コンクリートの配合によっても相違することが想定されることから，その配合を考慮して実験あるいは既往のデータに基づいて定めることが原則である．しかし，銅スラグ細骨材コンクリートの熱物性は，普通骨材コンクリートと同等であるとの報告がある．一般のコンクリートでは，熱伝導率 λ は $2.6 \sim 2.8 \mathrm{W/m^\circ C}$，比熱 C_c は $1.05 \sim 1.26 \mathrm{kJ/kg^\circ C}$，熱拡散率 hc^2 は $0.83 \sim 1.1 \times 10^{-6} \mathrm{m^2/s}$ 程度である．

5.4 中性化速度係数

銅スラグ細骨材コンクリートの中性化速度係数の特性値 α_k は，実験あるいは既往のデータに基づき，コンクリートの有効水結合材比と結合材の種類から定めるものとする．

【解　説】　コンクリートの中性化速度係数を実験により求める場合，コンクリートの有効水結合材比と結合材の種類の影響を考慮しなければならない．実験等により中性化速度係数を導く場合には，コンクリートライブラリー64「フライアッシュを混和したコンクリートの中性化と鉄筋の発錆に関する長期研究（最終報告）」の方法を参考にするとよいが，中性化速度係数は初期の養生および環境条件の影響を大きく受けるため，実験においては，これらを適切に定める必要がある．

JIS A 1153「コンクリートの促進中性化試験方法」に従って求めた銅スラグ細骨材コンクリートの中性化速度係数は，普通ポルトランドセメントあるいは高炉セメントB種を用いた場合には普通骨材コンクリートと同程度との実験データが示されている．よって，銅スラグ細骨材コンクリートの中性化速度係数の特性値 α_k は，コンクリート標準示方書［設計編］に従い式（解 5.4.1）によりコンクリートの有効水結合材比と結合材の種類から定めてよい．式（解 5.4.1）は，中性化深さを材齢（年）の平方根で割った中性化速度係数と，水結合材比との関係の直線回帰式であり，この式に含まれる a および b は，水結合材比の異なる複数のデータに基づいて求めることができる．

$$\alpha_k = a + b \cdot W/B \tag{解 5.4.1}$$

ここに，a, b ：セメント（結合材）の種類に応じて，実績から定まる係数
　　　　W/B ：有効水結合材比

ただし，式（解 5.4.1）における係数 a および b は，厳密には環境条件にも依存するので，特に中性化に関して厳しい環境と考えられる場合には，環境条件の影響を適切に考慮しなければならない．以下の式は，コンクリートライブラリー64「フライアッシュを混和したコンクリートの中性化と鉄筋の発錆に関する長期研究（最終報告）」に示された普通ポルトランドセメントあるいは中庸熱ポルトランドセメントを用いた17種類の実験データに基づいて求めた回帰式である．

$$\alpha_k = -3.57 + 9.0 W/B \qquad (mm/\sqrt{年}) \qquad \text{(解 5.4.2)}$$

ここに，W/B ：有効水結合材比 $(=W/(C_p + k \cdot A_d))$
W ：単位体積あたりの水の質量 (kg/m³)
B ：単位体積あたりの有効結合材の質量 (kg/m³)
C_p ：単位体積あたりのポルトランドセメントの質量 (kg/m³)
A_d ：単位体積あたりの混和材の質量 (kg/m³)
k ：混和材の影響を表す係数（フライアッシュの場合：0，高炉スラグ微粉末の場合：0.7）

式（解5.4.2）は，中性化深さを材齢（年）の平方根で割った値と，水結合材比との関係の直線式を，屋外暴露試験によって求めたものである．新たに実験等により中性化速度係数を導く場合には，上記コンクリートライブラリー64を参考にするとよい．

5.5 塩化物イオン拡散係数

銅スラグ細骨材コンクリートの塩化物イオン拡散係数の特性値 D_k は，次の何れかの方法で求めるものとする．

(i) 水セメント比と見掛けの拡散係数との関係式
(ii) 電気泳動法や浸せき法を用いた室内試験または自然暴露実験
(iii) 実構造物調査

【解 説】 拡散係数は，Fickの拡散法則に現れる比例係数で，拡散の速さを規定するものである．コンクリートの塩化物イオン拡散係数は，使用する材料や配合等に影響を受ける．拡散係数を求める方法には，既往のデータから水セメント比と見掛けの拡散係数について整理して得られた関係式を用いる方法，室内実験から求める方法，設計する構造物が置かれる自然環境と類似し，同様な作用を受けると考えられる既設の構造物から採取したコアや暴露供試体より求める方法等がある．

(i)について 銅スラグ細骨材コンクリートの塩化物イオン拡散係数は，普通ポルトランドセメントあるいは高炉セメントB種を用いた場合には普通骨材コンクリートと同程度との実験データが示されている．したがって，普通ポルトランドセメントあるいは高炉セメントB種を用いるケースで室内試験や暴露試験等の結果が無い場合には，コンクリート標準示方書［設計編］に示されている既往の実験データに基づいて求められた以下の塩化物イオン拡散係数の予測式を適用してもよい．

(a) 普通ポルトランドセメントを使用する場合

$$\log_{10} D_k = 3.0(W/C) - 1.8 \qquad (0.3 \leq W/C \leq 0.55) \qquad \text{(解 5.5.1)}$$

(b) 高炉セメントB種相当を使用する場合

$$\log_{10} D_k = 3.2(W/C) - 2.4 \qquad (0.3 \leq W/C \leq 0.55) \qquad \text{(解 5.5.2)}$$

(ii)および(iii)について 室内試験によって塩化物イオン拡散係数を求める場合は，電気泳動法によるコンクリート中の塩化物イオンの実効拡散係数試験方法（案）（JSCE-G 571），浸せきによるコンクリート中の塩化物イオンの見掛けの拡散係数試験方法（案）（JSCE-G 572）に準拠するとよい．

実験室レベルでの塩化物イオン拡散係数試験方法とは別に，構造物中のコンクリートにおける塩化物イオン濃度分布を測定する方法もある．その場合には，実構造物におけるコンクリート中の全塩化物イオン濃度分布の測定方法（案）（JSCE-G 573）に準拠するとよい．

上述の室内試験や実構造物調査によって塩化物イオン拡散係数の特性値を求める場合は，コンクリート標準示方書[設計編]を参考にするとよい．

5.6 凍結融解試験における相対動弾性係数，スケーリング量

（1） 銅スラグ細骨材コンクリートの相対動弾性係数の特性値 E_k は，一般にはコンクリートの凍結融解試験法（水中凍結融解試験方法）JIS A 1148（A法）による相対動弾性係数に基づいて定めるものとする．

（2） 銅スラグ細骨材コンクリートのスケーリング量の特性値 d_k は，一般にはけい酸塩系表面含浸材の試験方法（案）（JSCE-K 572）の「6.10 スケーリングに対する抵抗性試験」によるコンクリートのスケーリング量に基づいて定めるものとする．

【解　説】　（1）について　凍結融解作用によるコンクリートの内部損傷に対しては，凍結融解試験における相対動弾性係数を特性値とする．相対動弾性係数は，JIS A 1127-2010（共鳴振動によるコンクリートの動弾性係数，動せん断弾性係数及び動ポアソン比試験方法）によって計測されるたわみ振動の一次共鳴振動数について，劣化を受ける前の値の二乗に対する劣化後の値の二乗の比を百分率で表したものである．

（2）について　コンクリートのスケーリングは我が国では海水の影響のある海岸構造物や凍結防止剤を散布する道路構造物で問題となっている．スケーリングのような表面損傷に対しては，塩化ナトリウム水溶液等を試験溶液として一面凍結融解試験より求めたスケーリング量を特性値として定めることができる．凍結融解作用によるコンクリートのスケーリング量を求めるための，コンクリートの一面凍結融解試験方法は，「けい酸塩系表面含浸材の試験方法（案）（JSCE-K 572）」の「6.10 スケーリングに対する抵抗性試験」に規格化されており，これを利用してスケーリング量の特性値を求めることができる．

5.7 収縮，クリープ

（1） 銅スラグ細骨材コンクリートの収縮の特性値は，使用骨材，セメントの種類，コンクリートの配合等の影響を考慮して定めることを原則とする．試験には，7日間水中養生を行った100×100×400mmの角柱供試体を用い，温度20±2℃，相対湿度60±5%の環境条件で，JIS A 1129「モルタル及びコンクリートの長さ変化測定方法」に従い測定された乾燥期間6ヶ月（182日）における値とする．

（2） 銅スラグ細骨材コンクリートのクリープひずみは，作用する応力による弾性ひずみに比例するとして，一般に式（5.7.1）により求めるものとする．

$$\varepsilon'_{cc} = \phi \cdot \sigma'_{cp} / E_{ct} \tag{5.7.1}$$

ここに，　ε'_{cc}　：コンクリートの圧縮クリープひずみ
　　　　　ϕ　：クリープ係数
　　　　　σ'_{cp}　：作用する圧縮応力度

E_{ct} ：載荷時材齢のヤング係数

【解　説】　（1）について　コンクリートの収縮は，乾燥収縮，自己収縮を含み，構造物の置かれる環境の温度，相対湿度，部材断面の形状寸法，コンクリートの配合のほか，骨材の性質，セメントの種類，コンクリートの締固め，養生条件等の要因によって影響を受ける．そこで，養生条件，環境条件，形状寸法を統一した条件下での収縮を，そのコンクリートの収縮の特性値とした．構造物の性能照査においてコンクリートの収縮が影響する構造物の応答値を算定する場合は，強度等の特性値と同様にコンクリートの収縮の特性値を設計段階で設定し，その値を設計図書に記載しなければならない．

収縮の特性値は，100×100×400mm の角柱供試体，水中養生7日後，温度20℃，相対湿度60%の環境下でJIS A 1129 に従って測定された乾燥期間6ヶ月における乾燥後の収縮ひずみとする．構造物中におけるコンクリートの収縮は，そのコンクリートの収縮の特性値に，構造物の置かれる環境の温度，相対湿度，部材断面の形状寸法，乾燥開始材齢等の影響を考慮して算定することを原則とする．

なお，試験によらない場合はコンクリート標準示方書［設計編］に示される式を参考にし，特性値を設定してもよい．一般に銅スラグ細骨材コンクリートの収縮ひずみは普通骨材コンクリートと比較して小さくなる．示方書式には，骨材中に含まれる水分量の影響を考慮した式となっており，吸水率の小さな銅スラグ細骨材コンクリートの乾燥収縮ひずみは，普通細骨材を用いた場合よりも小さめの予測値となる．

（2）について　コンクリートの応力度が圧縮強度の40%以下であれば，クリープひずみは作用する応力にほぼ線形に比例するので，作用する応力が変動する場合には重ね合わせの原理を適用してよい．コンクリート応力度がこれより大きい場合には，クリープひずみは作用応力による弾性ひずみに比例すると考えることは適当ではない．なお，ひび割れが発生していないコンクリートでは，引張応力下においても圧縮応力下と同じクリープ特性を仮定してよい．

銅スラグ細骨材コンクリートのクリープ係数は，構造物の周辺の湿度，部材断面の形状寸法，コンクリートの配合，応力が作用するときのコンクリートの材齢等の影響を考慮して，これを定めることを原則とする．なお，試験によらない場合はコンクリート標準示方書［設計編］に示される式を参考にし，特性値を設定してもよい．

5.8　化学的侵食深さ

銅スラグ細骨材コンクリートの化学的侵食深さの特性値は，次の何れかの方法で求めるものとする．
(i)　構造物の供用環境を想定した室内試験または自然暴露実験
(ii)　実構造物調査

【解　説】　化学的侵食の原因となる侵食性物質の種類と影響の程度は様々であり，コンクリートの抵抗性を画一的な試験方法によって評価することは困難である．そのため，コンクリートの化学的侵食深さの特性値は，環境の劣化外力の種類と強さに応じた試験を実施し適切に定める必要がある．また，設計する構造物が置かれる環境と類似し，同様な作用を受けると考えられる既設の構造物から採取したコアや暴露供試体より，化学的侵食深さの特性値を求めることもできる．しかし，銅スラグ細骨材コンクリートの化学的侵食深さに関する実験あるいは調査データはほとんど無いのが現状である．よって，特性値を設定する場合は，データの変動を安全側に考慮し適切に定める必要がある．

5.9 単位容積質量

銅スラグ細骨材コンクリートの単位容積質量の特性値は，設計時に想定した配合あるいは JIS A 1116「フレッシュコンクリートの単位容積質量試験方法」に基づいて定めるものとする．

【解　説】　銅スラグ細骨材は，普通骨材と比べて密度が大きい材料であることから，その混合率の増加に伴いコンクリートの単位容積質量が増大する．そこで，コンクリート構造物の設計段階で単位容積質量に対して配慮が必要な場合には，単位容積質量の特性値を照査することとした．銅スラグ細骨材コンクリートの単位容積質量の特性値は，設計時に想定した配合あるいは JIS A 1116「フレッシュコンクリートの単位容積質量試験方法」に基づいて定めるものとする．

6章 骨　　材

6.1　総　　則

> 銅スラグ細骨材，普通細骨材または銅スラグ混合細骨材は，清浄，堅硬，耐久的で適切な粒度をもち，コンクリートおよび鋼材の品質に悪影響を及ぼす物質を有害量含まず，品質のばらつきの少ないものでなければならない．

【解　説】<u>銅スラグ細骨材について</u>　JIS A 5011-3「銅スラグ骨材」に適合する細骨材は，その品質を十分に理解してこれを用いるとともに，その運搬や貯蔵中に有害物が混入することのないように十分管理すれば，品質が良好かつ安定したコンクリートの製造が可能になる．

　<u>銅スラグ細骨材の混合使用について</u>　近年，良質の天然細骨材を入手することが困難となってきている状況の中で，コンクリート標準示方書［施工編：施工標準］の規定に適合しない砂でも粒度調整や塩化物含有量の低減を行えば，コンクリート用細骨材として使用できるものも多い．このような普通細骨材と，適切な種類の銅スラグ細骨材とを混合することによって，良質のコンクリート用細骨材を得ることができる．ただし，粒度および塩化物含有量以外の項目が規定に適合しない普通細骨材は，銅スラグ細骨材と混合使用できない．

　銅スラグ細骨材と普通細骨材との混合には，コンクリートの練混ぜ時にミキサ内で混合する方法と，コンクリートの練混ぜを行う前に予め混合する方法とがある．

　予め混合された銅スラグ混合細骨材の場合は，混合される前のそれぞれの細骨材の品質や混合後の均一性を試験によって確認することが一般に困難である．したがって，コンクリートを製造する場合は，銅スラグ細骨材と普通細骨材とを別々に貯蔵し，銅スラグ細骨材混合率に応じてそれぞれ個別に計量して，練混ぜ時にミキサ内で混合する方法が推奨される．なお，やむを得ず予め混合された銅スラグ混合細骨材を用いる場合もあるため，この指針では，これについても記述している．

6.2　銅スラグ細骨材

6.2.1　一　　般

> 銅スラグ細骨材は，JIS A 5011-3 に適合したものでなければならない．

【解　説】　JIS A 5011-3 では，銅スラグ細骨材を**解説 表**6.2.1に示す4種類に区分し，種類ごとの呼び方は CUS 2.5A または B のように記号で示されている．記号の末尾の A または B は，アルカリシリカ反応性による区分を示している．また，銅スラグ細骨材の品質は**解説 表**6.2.2に示すように規定されている．銅スラグ細骨材の化学成分は，酸化鉄（FeO），二酸化けい素（SiO_2），酸化カルシウム（CaO），全硫黄（S），三酸化硫黄（SO_3）等であり，酸化鉄の多いことが特徴である．このことから絶乾密度および単位容積質量が大きくなっている．銅スラグは，その化学成分のばらつきが少なく安定しており，また，大部分がガラス質で

ある．

現在製造されている銅スラグ細骨材の品質の例は，付録Ⅰに示すとおりである．

解説 表 6.2.1　銅スラグ細骨材の粒度による区分（JIS A 5011-3）

種類	粒の大きさの範囲 mm	記号
5mm 銅スラグ細骨材	5.0 以下	CUS 5
2.5mm 銅スラグ細骨材	2.5 以下	CUS 2.5
1.2mm 銅スラグ細骨材	1.2 以下	CUS 1.2
5.0～0.3mm 銅スラグ細骨材	5.0～0.3	CUS 5-0.3

解説 表 6.2.2　銅スラグ細骨材の物理・化学的性質（JIS A 5011-3）

項目			規格値
化学成分	酸化カルシウム（CaO として）	%	12.0 以下
	全硫黄（S として）	%	2.0 以下
	三酸化硫黄（SO_3 として）	%	0.5 以下
	全鉄（FeO として）	%	70.0 以下
塩化物量　　（NaCl として）		%	0.03 以下
絶乾密度		g/cm³	3.2 以上
吸水率		%	2.0 以下
単位容積質量		kg/L	1.80 以上

銅スラグ細骨材に関するアルカリシリカ反応性試験の結果，化学法では，溶解シリカ量が 3～35mmol/L，アルカリ濃度減少量が 10～20mmol/L と，ともに低い値を示しており，判定が困難な領域に位置している．しかし，銅スラグ細骨材について行ったモルタルバー法による試験の結果では，材齢 6ヵ月の膨張量は 0.01%～0.03%と非常に低い範囲にあり，無害と判定されている．したがって，銅スラグ細骨材はアルカリシリカ反応性に関し無害であり，特別な抑制対策を適用する必要はないと言える．ただし，JIS A 5011-3 では，アルカリシリカ反応性試験を行い，**解説 表 6.2.3** のように反応性の区分を行い，無害と判定されたものを使用するよう規定している．そこで，銅スラグ細骨材の使用にあたっては，銅スラグ細骨材の製造者が発行する試験成績表でアルカリシリカ反応性区分を確認しておくのがよい．

解説 表 6.2.3　銅スラグ細骨材のアルカリシリカ反応性による区分（JIS A 5011-3）

アルカリシリカ反応性による区分	摘要
A	アルカリシリカ反応性試験結果が"無害"と判定されたもの
B	アルカリシリカ反応性試験結果が"無害でない"と判定されたもの，又はこの試験を行っていないもの

銅スラグ細骨材コンクリートは，JIS A 5011-3 の 5.5.1 に従い，そのコンクリート構造物等の用途が一般用途の場合には**解説 表6.2.4**の基準に，港湾用途の場合には**解説 表6.2.5**の基準に適合しなければならない．なお，用途が特定できない場合および港湾用途であっても再利用が予定されている場合は，一般用途として取り扱うものとする．

また，ここに示す溶出量および含有量の試験は JIS A 5011-3 の 6.5 によるものとする．

解説 表6.2.4 一般用途の場合の環境安全品質基準(JIS A 5011-3)

項目	溶出量（mg/L）	含有量（mg/kg）
カドミウム	0.01 以下	150 以下
鉛	0.01 以下	150 以下
六価クロム	0.05 以下	250 以下
ひ素	0.01 以下	150 以下
水銀	0.0005 以下	15 以下
セレン	0.01 以下	150 以下
ふっ素	0.8 以下	4000 以下
ほう素	1 以下	4000 以下

注）ここでいう含有量とは，同語が一般的に意味する"全含有量"とは異なることに注意を要する．

解説 表6.2.5 港湾用途の場合の環境安全品質基準(JIS A 5011-3)

項目	溶出量（mg/L）
カドミウム	0.03 以下
鉛	0.03 以下
六価クロム	0.15 以下
ひ素	0.03 以下
水銀	0.0015 以下
セレン	0.03 以下
ふっ素	15 以下
ほう素	20 以下

6.2.2 粒　度

（1）銅スラグ細骨材の粒度の範囲は，表6.2.1によるものとする．ふるい分け試験は，JIS A 1102によるものとする．

表6.2.1　銅スラグ細骨材の粒度の範囲（JIS A 5011-3）

区分	ふるいを通るものの質量分率　%　ふるいの呼び寸法[a]						
	10	5	2.5	1.2	0.6	0.3	0.15
5mm 銅スラグ細骨材	100	90〜100	80〜100	50〜90	25〜65	10〜35	2〜15
2.5mm 銅スラグ細骨材	100	95〜100	85〜100	60〜95	30〜70	10〜45	5〜20
1.2mm 銅スラグ細骨材	-	100	95〜100	80-100	35-80	15〜50	10〜30
5-0.3mm 銅スラグ細骨材	100	95〜100	45〜100	10-70	0-40	0〜15	0〜10

注[a]　ふるいの呼び寸法は，それぞれ JIS Z 8801-1 に規定するふるいの公称目開き 9.5mm, 4.75mm, 2.36mm, 1.18mm, 0.6mm, 0.3mm および 0.15mm である．

（2）銅スラグ細骨材の粗粒率は，購入契約時に定められた粗粒率と比べ，±0.20 以上変化してはならない．

（3）銅スラグ細骨材の微粒分量の上限値は，表6.2.2，その許容差は，表6.2.3によるものとする．

表6.2.2　銅スラグ細骨材の微粒分量上限値（JIS A 5011-3）

区分	上限値　%
5 mm 銅スラグ細骨材	7.0
2.5 mm 銅スラグ細骨材	9.0
1.2 mm 銅スラグ細骨材	10.0
5〜0.3 mm 銅スラグ細骨材	7.0

表6.2.3　銅スラグ細骨材の微粒分量許容差（JIS A 5011-3）

区分	許容差　%
5 mm 銅スラグ細骨材	±2.0
2.5 mm 銅スラグ細骨材	±2.0
1.2 mm 銅スラグ細骨材	±3.0
5〜0.3 mm 銅スラグ細骨材	±2.0

【解　説】（1）について　表6.2.1に示す銅スラグ細骨材の粒度の範囲は，JIS A 5011-3 に規定されている4種類の銅スラグ細骨材の粒度の範囲と同じである．

銅スラグ細骨材には，普通細骨材の細目，中目または粗目のいずれのものとも混合使用できるように，数種類の粒度のものが準備されている．なお，5mm 銅スラグ細骨材（CUS5）および 2.5mm 銅スラグ細骨材（CUS2.5）は，コンクリート用細骨材としてこれを単独でも用いることのできるものである．

銅スラグ細骨材に含まれる 0.15mm 以下の粒子は，粘土やシルトではないので，その混入割合を増してもコンクリートの所要単位水量の増加は少なく，また，ブリーディングを大幅に抑制する効果をもたらす．し

たがって，銅スラグ細骨材混合率を大きくした場合等において，コンクリートのブリーディング率を減少させたい場合は，0.15mm以下の粒子を多く含有する銅スラグ細骨材を選定して使用するのがよい．

（2）について　銅スラグ細骨材の粗粒率が大きく変化すると，所定の品質を確保するためにコンクリートの配合を変える必要が生じる．そこで，銅スラグ細骨材の粗粒率は，購入契約時に定められた粗粒率に比べて±0.20以上変化してはならない．

6.3　普通細骨材

銅スラグ細骨材と混合使用する普通細骨材は，その粒度および塩化物含有量を除き，JIS A 5308の附属書Aに規定されている砂またはJIS A 5005に規定されている砕砂でなければならない．

【解　説】この指針では，粒度が適切でなかったり，場合によっては塩化物含有量が許容限度を超える普通細骨材に銅スラグ細骨材を混合して良好な品質の細骨材とし，未利用資源を有効に活用することも目的としている．しかし，この目的により銅スラグ細骨材を混合使用する場合にも，組み合わせて用いる普通細骨材の物理的品質は良好でなければならない．たとえば，混合使用する普通細骨材の吸水率が大きい場合や，耐凍害性，安定性等が低い場合には，品質の悪い骨材粒の存在によって，コンクリートの品質あるいは性能が損なわれる恐れがある．この点を考えて，銅スラグ細骨材とともに用いる普通細骨材は，粒度および塩化物含有量を除き，JIS A 5308の附属書Aに規定されている砂またはJIS A 5005に規定されている砕砂とした．

6.4　銅スラグ混合細骨材

6.4.1　一　　般

（1）銅スラグ細骨材と普通細骨材とをコンクリートの練混ぜ時にミキサ内で混合する場合，所定の銅スラグ細骨材混合率が確保されるようにしなければならない．

（2）予め混合された銅スラグ混合細骨材は，混合前のそれぞれの細骨材の品質が試験成績表によって確認でき，かつ目標とした銅スラグ細骨材混合率が明示され，これを保証されたものでなければならない．また，銅スラグ細骨材と普通細骨材とが均一に混合されているものでなければならない．

（3）予め混合された銅スラグ混合細骨材の混合率の上限は，25%とする．

【解　説】　（1）について　銅スラグ混合細骨材に用いる銅スラグ細骨材および普通細骨材は，それぞれ6.2および6.3に適合したものでなければならないことが基本である．普通細骨材の粒度あるいは塩化物含有量の調整を目的に，銅スラグ細骨材と普通細骨材とを混合して使用する場合，所定の銅スラグ細骨材混合率が確保されるように，混合時に正しくそれぞれを計量し，均一になるまで練り混ぜることが重要である．

（2）について　予め混合された銅スラグ混合細骨材の場合は，混合前のそれぞれの細骨材の品質と混合の際に目標とした銅スラグ細骨材混合率が明らかになっていることが，これを適切に使用するためにきわめて重要である．例えば，6.3の解説でも述べたように，混合に用いる普通細骨材の物理的品質が劣る場合には，混合されたものの見かけ上の物理的品質は向上しても，コンクリートの耐久性をはじめとする品質が損なわれる危険性がある．また，アルカリシリカ反応性を有する細骨材が混合用に用いられた場合は，これに

応じた適切な対策を施す必要があるが，混合前のそれぞれの品質が明らかでないと，この対策を採ることができない．一方，銅スラグ細骨材混合率が不明の場合は，7章の規定に従ってコンクリートの配合を正しく定めることが困難になる．本条文は，これらの諸点を考慮して設けられたものである．

銅スラグ混合細骨材を予め製造する場合，大量の細骨材を混合することになるので，銅スラグ細骨材混合率に応じたそれぞれの分量の細骨材が均一に混合されるよう，入念に作業する必要がある．混合の方法としては，銅スラグ細骨材および普通細骨材恐れぞれホッパに貯蔵した後，ベルトコンベヤ上に定量ずつ切り出して混合する方法等がある．細骨材をできるだけ均一に混合するためには，例えば中継ホッパを設けて混合頻度を増やす等の配慮が必要である．

銅スラグ混合細骨材中の銅スラグ細骨材混合率確認方法には，蛍光X線分析および絶乾密度による方法がある．これらの方法の詳細については，付録Ⅲを参照されたい．目標とした銅スラグ細骨材混合率に対する試験結果の許容誤差は，±3%とする．なお，予め混合された銅スラグ混合細骨材は，日本鉱業協会の非鉄スラグ製品の製造販売ガイドラインに基づいて製造・販売されたものを用いなければならない．

(3)について　予め混合された銅スラグ細骨材の製造においては，銅スラグ細骨材と普通細骨材を計量する際の誤差と，混合する行為における誤差が複合する．そして，コンクリートを練り混ぜる段階では，混合細骨材を計量する際の誤差が加わる．銅スラグ細骨材の場合，環境安全品質面（主に鉛の含有量基準）で混合率の変動を許容できる余裕が少なくなる．このため，予め混合された銅スラグ細骨材を用いてコンクリートを製造する場合は，混合率の上限値を5%低く設定することとした．

6.4.2　銅スラグ混合細骨材の粒度

(1)　銅スラグ混合細骨材の粒度は，均一に混合された状態において，表6.4.1の範囲を標準とする．

表6.4.1　銅スラグ混合細骨材の粒度の標準

区分	ふるいを通るものの容積分率　% ふるいの呼び寸法　mm						
	10	5	2.5	1.2	0.6	0.3	0.15
銅スラグ混合細骨材	100	90〜100	80〜100	50〜90	25〜65	10〜35	2〜15[1]

1) 予め混合された細骨材にあっては，上限値を15%とし，コンクリート製造時に別々に計量されるものについては上限値を20%としてよい．ただし，いかなる場合も砂からもたらされるものは10%以下，砕砂からもたらされるものは15%以下でなければならない．

(2)　銅スラグ混合細骨材の粗粒率は，購入契約時に定められた粗粒率と比べ，±0.20を超えて変化してはならない．

【解　説】　(1)について　銅スラグ混合細骨材は，銅スラグ細骨材と普通細骨材とが適切な比率で均一に混合され，大小粒が適当に混合した粒度分布を有するものでなければならない．その混合細骨材の標準とする粒度分布は，表6.4.1に示す範囲内にあり，かつ粒度分布の変動ができるだけ少ないことが望ましい．この粒度範囲の混合細骨材を用いれば，一般に良好なコンクリートを製造することができる．なお，この粒度分布は，予め混合した細骨材はもとより，コンクリートの製造時にミキサ内で混合する細骨材に対しても適用する．粗粒率としては2.6〜2.8程度を目標とするのがよい．

銅スラグ細骨材に含まれる0.15mm以下の粒子は，コンクリートの品質を損なう粘土等ではなく，ブリー

ディングの抑制に効果があることが確認されている．銅スラグ細骨材中の 0.15mm ふるいを通るものの容積分率の上限が，普通細骨材より大きい値に規定されているのは，この特性を活用するためである．このことを踏まえ，銅スラグ混合細骨材の 0.15mm ふるいを通るものの容積分率の上限値を 15% まで許容し，コンクリート製造時に別々に計量されるものの場合，上限値を 20% としてよいことにした．コンクリート製造時に混合する場合の上限値を大きくしたのは，この方法の場合，混合前の各材料の品質が十分に確認でき，かつ混合割合に関する信頼性も高まることによる．

ただし，混合に用いる砂あるいは砕砂の 0.15mm ふるいを通るものには，粘土やシルトが含まれている可能性が高いので，砂から供給される 0.15mm 以下の粒子の容積分率は 10% 以下，砕砂から供給される 0.15mm 以下の粒子の容積分率は 15% 以下でなければならないと規定した．

1 つの種類の細骨材を対象とした場合や密度の差を無視できる複数の細骨材を混合したものを対象にした場合は，その粒度分布を便宜的に質量分率で表示してもよい．しかし，混合される細骨材の密度の差が大きい銅スラグ混合細骨材の場合は，その粒度分布を，各粒径範囲に存在する骨材の絶対容積を基準として表わすのが適切である．このため，銅スラグ混合細骨材の粒度の標準は，**表 6.4.1** のように各ふるいを通るものの容積分率で表わすことにした．また，このような混合細骨材の場合は，その粗粒率も絶対容積を基準とした数値で表わすのが適切である．

参考のために，銅スラグ細骨材混合率を 50% に定め，細目の銅スラグ細骨材〔CUS 1.2：絶乾密度 $3.62 \mathrm{g/cm^3}$，FM 1.73，0.15mm ふるい通過量 19.5%〕と粗目の川砂〔絶乾密度 $2.55 \mathrm{g/cm^3}$，FM 3.77，0.15mm ふるい通過量 3%〕とを混合した銅スラグ混合細骨材の粗粒率の計算結果では，骨材の粒度を容積で表示して求めた値は 2.75，質量で表示して求めた値は 2.57 となり，質量表示の方が 0.18 小さい値となる．

混合に用いる銅スラグ細骨材と普通細骨材の双方の粒度分布から，混合後の粗粒率を所定の値とするために必要な銅スラグ細骨材混合率は，式（解 6.4.1）によって求めることができる．

$$m = \frac{FM_m - FM_n}{FM_s - FM_n} \times 100 \tag{解 6.4.1}$$

ここに， m ：銅スラグ細骨材混合率（%）（容積分率）

FM_s ：銅スラグ細骨材の粗粒率

FM_n ：普通細骨材の粗粒率

FM_m ：混合後の細骨材の粗粒率（容積表示による粒度分布）

<u>（2）について</u>　銅スラグ細骨材に対する 6.2.2（2）の解説と同じ趣旨により，この規定を設けた．

6.4.3　銅スラグ混合細骨材の塩化物含有量

銅スラグ混合細骨材の塩化物含有量は，均一に混合された状態でコンクリート標準示方書［施工編：施工標準］3.4 に示されている細骨材中の塩化物量に関する規定を満足しなければならない．

【解　説】混合して用いる銅スラグ細骨材が 6.2 に規定する品質を，また，普通細骨材が 6.3 に規定する品質をそれぞれ満足したものであれば，これらを混合した後の細骨材の品質は，粒度および塩化物含有量に関する事項を除き，一般にはコンクリート用細骨材として良好な品質を有していると考えてよい．

本条文は，銅スラグ混合細骨材の塩化物含有量の限度について規定したもので，その値は，一般のコンクリートに用いられる普通細骨材に対する規定値と同じでよいこととした．

銅スラグ細骨材の中には，その水砕工程の冷却水として海水を使用していたものがあった．この場合には，水道水または工業用水により水洗を行ってはいたが，銅スラグ細骨材中に塩化物が残留している可能性があった．しかし，現在全ての国内銅製錬所は水砕工程での冷却水を淡水に切り替えたため，銅スラグ細骨材中の塩化物量が上昇することはない．

銅スラグ混合細骨材の塩化物含有量は，混合前のそれぞれの細骨材に含まれる塩化物量と銅スラグ細骨材混合率から計算によって求められるが，試験を行う必要がある場合には，土木学会規準「海砂の塩化物イオン含有率試験方法（滴定法）（JSCE-C 502）」によればよい．

6.5 普通粗骨材

銅スラグ細骨材コンクリートに使用する普通粗骨材は，JIS A 5308 の附属書 A に規定されている砂利または JIS A 5005 に規定されている砕石でなければならない．

【解　説】　銅スラグ細骨材コンクリートに使用される粗骨材としては，再生粗骨材や高炉スラグ粗骨材等種々の組み合わせが考えられるが，現時点では実験データの蓄積がない．したがって，銅スラグ細骨材コンクリートに用いる普通粗骨材の品質は，JIS A 5308 の附属書 A の規定を満足する砂利または JIS A 5005 の規定を満足する砕石に限定した．

7章　配合設計

7.1　総　　則

（1）銅スラグ細骨材コンクリートの配合設計においては，所要のワーカビリティー，設計基準強度および耐久性を満足するように，コンクリートのスランプ，配合強度，水セメント比等の配合条件を明確に設定した上で，使用材料の各単位量を定めなければならない．

（2）コンクリートの配合は，要求される性能を満足する範囲内で，単位水量をできるだけ少なくするように定めなければならない．また，単位容積質量が指定されている場合には，これを満足するよう，配合を定めなければならない．

【解　説】　（1）について　この章では，コンクリートの目標性能としてワーカビリティー，設計基準強度，耐久性の3つの性能を満足するための銅スラグ細骨材コンクリートの配合設計の方法について示す．また，ここに示す配合設計の方法は，設計基準強度が 50N/mm² 未満，フレッシュコンクリートの充填性をスランプで評価するコンクリートを対象とする．配合設計の基本的な考え方は，コンクリート標準示方書［施工編：施工標準］4章に従うものとする．

ここで，使用する銅スラグ細骨材および普通細骨材は 6.2，6.3 および 6.4 に示されたものを用いることとし，これ以外の材料（水，セメント，粗骨材，混和材料）についてはコンクリート標準示方書［施工編：施工標準］3章に示されたものを用いることとする．

（2）について　所要のワーカビリティー，設計基準強度および耐久性を有する銅スラグ細骨材コンクリートを造るためには，普通骨材コンクリートの場合と同様に，作業に適するワーカビリティーが得られる範囲内で，単位水量ができるだけ少なくなるよう配合を定めることが重要である．

銅スラグ細骨材は，6.2 解説に示されているように，その密度が普通細骨材の値より大きい特徴を有している．また，JIS A 5011-3 には，各種の粒度区分の銅スラグ細骨材が規格化されている．このため，銅スラグ細骨材コンクリートの品質は，使用する銅スラグ細骨材の種類や銅スラグ細骨材混合率，さらには混合する普通細骨材の品質によってもかなり相違する．したがって，銅スラグ細骨材コンクリートの配合は，実際の施工に用いる材料を使用し，銅スラグ細骨材の使用条件あるいは使用目的について十分に配慮し，試験により定めることが重要である．

7.2　配合設計の手順

（1）配合設計にあたっては，設計図書に記載されたコンクリートの強度や耐久性に関する特性値を確認するとともに，参考として記載された粗骨材の最大寸法・スランプ・水セメント比・セメントの種類・単位セメント量・空気量等の参考値を確認する．

（2）設計図書に記載された上記（1）に示すコンクリートの参考値に基づいて，配合条件を設定する．

（3）設定した配合条件に基づき，試し練りの基準となる暫定の配合を設定する．

（4）設定した暫定の配合を基に，実際に使用する材料を用いて試し練りを行ない，コンクリートが所要の性能を満足することを確認する．試し練りの結果，所要の性能を満たしていない場合は，使用材料の変更や配合を修正し，所定の品質が得られる配合を決定する．

【解　説】　配合設計の手順は，コンクリート標準示方書［施工編：施工標準］4.2に従うものとする．

7.3 銅スラグ細骨材コンクリートの特性値の確認

7.3.1 一　般

配合設計に先立ち，設計基準強度，耐久性，単位容積質量，乾燥収縮およびその他の性能に関して設計図書に記載されたコンクリートの特性値および参考値を確認する．

【解　説】　銅スラグ細骨材コンクリートの特性値の確認は，コンクリート標準示方書［施工編：施工標準］4.3に従って行うものとする．ここで，特に銅スラグ細骨材コンクリートにおいては，配合設計において考慮する目標性能として，ワーカビリティー，設計基準強度，耐久性のほかに，単位容積質量および乾燥収縮特性が要求される場合がある．したがって，配合設計に先立ち，これらの性能に関して設計図書に記載されたコンクリートの特性値および参考値を確認する．

7.3.2 設計基準強度

設計図書に記載された設計基準強度を確認する．

【解　説】　設計図書には，構造物の構造性能に基づいて設定された設計基準強度が記載されている．この設計基準強度に基づき，使用材料，製造設備，コンクリートの品質のばらつきの実績から配合強度や水セメント比等の配合条件を設定する．具体的な設定方法については，7.5に記述されている．

なお，構造物が完成するまでに想定される施工および完成直後の構造物の性能を保証するためには，その時点ごとで適切なコンクリートの強度発現特性が要求される．

7.3.3 耐久性

（1）設計図書に記載された耐久性に関する特性値および参考値を確認する．
（2）既往の実績配合や信頼できるデータを参考とするか，あるいは事前試験により設計図書に記載された特性値を満足することを確認した上で，適切な配合条件を設定する．
（3）（2）によらず設計図書に記載された参考値を基とする場合は，所要の耐久性を満足できるよう，適切な配合条件や使用材料を設定する．
（4）アルカリシリカ反応に対しては，適切な抑制対策を講じなければならない．
（5）化学的侵食に対して所要の耐久性を満足できるように，適切な配合条件を設定する．

【解　説】　(1) および (2) について　設計図書に記載された特性値を確認した後，これを満足できる

既往の実績配合や信頼できるデータがある場合は，これに従って配合を決定する．または，事前試験により設計図書に記載された特性値を満足することを確認した上で，適切な配合条件を選定しても良い．

　（3）について　設計図書に記載された参考値は，中性化速度係数，塩化物イオンに対する拡散係数，凍結融解試験における相対動弾性係数等の耐久性に関する特性値に基づいて定められた値である．したがって，所要の耐久性が得られるように，設計図書に記載された水セメント比，単位セメント量やセメントの種類，空気量等の参考値に基づいて，適切な配合条件や使用材料を定める．ここで，設計図書に記載された参考値は，適当量のエントレインドエアを連行させるとともに，適切な充填性を有したコンクリートを入念に打ち込み，締固めをし，適切な温度で十分に湿度を与えて養生した場合を前提としたものである．

　（4）について　現状ではアルカリシリカ反応を短時間で適切に照査できる方法は確立されておらず，設計図書に記載された特性値や参考値にはアルカリシリカ反応については考慮されていない．一般には，コンクリート標準示方書［施工編：施工標準］4.3.3に示される抑制対策に従うものとする．

　一般に，密実なコンクリートでは外部からアルカリが侵入することは希であるが，ひび割れや継目等では，特に海洋環境や凍結防止剤の使用地域等において外部からのアルカリの侵入が予想される．このような場合には，予めひび割れを低減させるための対策を施すとともに，外部環境からのアルカリ金属イオンの侵入をできるだけ低減する対策を講じるのが望ましい．銅スラグ細骨材コンクリートでは，銅スラグ細骨材と普通細骨材が混合使用される場合があるが，特に普通細骨材および粗骨材に区分B「無害でない」の骨材を用いる場合には，先述の抑制対策を行った上で，表面被覆工等を行うと効果的である．

　（5）について　コンクリートの化学的侵食を構造物の所要の性能に影響を及ぼさない程度に抑えることが必要な場合には，劣化環境に応じて**解説 表**7.3.1に示す水セメント比以下に設定するのがよい．

解説 表 7.3.1　化学的侵食に対する抵抗性を確保するための最大水セメント比

劣化環境	最大水セメント比（%）
SO_4^{2-}として0.2%以上の硫酸塩を含む土や水に接する場合	50
凍結防止剤を用いる場合	45

注）実績，研究成果等により確かめられたものについては，表の値に5～10を加えた値としてよい．

7.3.4　単位容積質量
設計図書に記載された単位容積質量を確認する．

【解　説】　銅スラグ細骨材コンクリートを重量コンクリートとして利用する場合，設計図書には，構造物の要求性能に基づいて設定された単位容積質量が記載されている．この単位容積質量に基づき，使用材料，単位量等の配合条件を設定する．

7.3.5　乾燥収縮
（1）設計図書に記載された乾燥収縮の特性値を確認する．
（2）設計図書に記載されたコンクリートの収縮ひずみの特性値あるいは収縮特性を満足するよう照査された参考値に基づいて，適切な配合条件や使用材料を設定する．
（3）収縮ひずみの特性値が設計図書に記載されていない場合は，既往の施工実績や信頼できるデータ

を参考とするか，あるいは試験により収縮ひずみの値が構造物の所要の性能に対して影響のない値であることを確認した上で，適切な配合条件を設定する．

【解　説】　（1）について　銅スラグ細骨材がコンクリートの乾燥収縮の抑制効果が高いことを利用して構造物の設計がなされた場合等，銅スラグ細骨材コンクリートの目標性能として乾燥収縮特性が要求される場合には，設計図書に記載された乾燥収縮の特性値を確認し，設計図書に記載された参考値に基づいて配合条件を設定する．

なお，コンクリートの収縮の特性値は，コンクリート標準示方書［設計編：本編］5.2.8 に示されるように，使用骨材，セメントの種類，コンクリートの配合等の影響を考慮して定めることを原則とする．

（2）および（3）について　設計では，構造物の応答値算定にコンクリートの収縮ひずみの特性値を用いて照査が行われ，応答値が限界値を満足するような収縮ひずみの特性値が設計図書に示される．したがって，その収縮ひずみを満足できるように，適切な配合条件や使用材料を設定しなければならない．収縮ひずみの特性値が示されていない場合には，収縮ひずみが過大とならないことを確認しなければならない．

収縮ひずみは小さい方が望ましいことは言うまでもないが，使用するコンクリートの材料や配合が収縮に伴うひび割れに対して問題ないことを，既往の工事実績や信頼できる資料をもとに，事前に確認しておくことが重要である．

7.3.6　その他の特性値

（1）設計図書に記載された水密性および断熱温度上昇特性等の特性値を確認する．
（2）所要の水密性が得られるよう，適切な配合条件を設定する．
（3）コンクリートの断熱温度上昇特性が，断熱温度上昇特性の設計値と同等あるいはそれ以下となるように，設計図書に記載された参考値に基づいて，適切な配合条件や使用材料を設定する．

【解　説】　（1）について　銅スラグ細骨材コンクリートの目標性能として水密性および断熱温度上昇特性等が要求される場合には，設計図書に記載されたそれらの特性値を確認し，設計図書に記載された参考値に基づいて配合条件を設定する．

（2）について　水密性には，透水係数によって評価されるコンクリートそのものの水密性と，構造物や部材においてひび割れ等も考慮した透水量によって評価される水密性があるが，配合設計では，特にコンクリートそのものの水密性が対象となる．透水係数は，微細な空隙を有するセメント硬化体自体の緻密さや空隙の連続性等の空隙構造および骨材周辺に形成される比較的粗い組織である遷移帯の性質等に支配される．セメント硬化体の空隙構造は，一般に水セメント比（水結合材比）と結合材の種類に依存することから，所定の透水係数を確保するためには，作業に適する充填性が確保できる範囲内で，均質で緻密なコンクリートになるように水セメント比を小さくし，単位水量を低減させることが有効である．また，既往の研究成果から，水セメント比を 55% 以下とすれば，一般のコンクリート構造物に要求されるコンクリート自体の水密性は確保されることが確認されている．

なお，水密性が要求されるコンクリート構造物の場合には，設計段階で透水係数や透水量の照査がなされている．したがって，水密性における水セメント比の設定についても，設計図書に記載された水セメント比，単位セメント量やセメントの種類等の参考値に基づいて設定すればよい．

（3）について　セメントの水和に起因する温度ひび割れは，コンクリート標準示方書［設計編：本編］

(12章 初期ひび割れに対する照査)において照査される．設計図書には，照査結果に基づいて水セメント比，セメントの種類および単位セメント量等の参考値が示されることとなるため，それらの参考値に基づいて配合条件を設定すれば，断熱温度上昇特性の設計値と同等あるいはそれ以下の断熱温度上昇特性をもつコンクリートが得られ，所要のひび割れ発生確率を満たすと考えてよい．ただし，環境条件や施工条件等が変化して設計で想定していない要因が影響すると予想される場合には，その影響を考慮してコンクリートの材料，配合，施工方法を選定しなければならない．

7.4 銅スラグ細骨材コンクリートのワーカビリティー

（1）設計図書に記載された参考値に基づき，コンクリートのワーカビリティーの目標性能を設定する．
（2）充填性は，2.3.1により設定する．
（3）コンクリートポンプによる圧送性は，2.3.2により設定する．
（4）凝結特性は，2.3.3により設定する．

【解 説】 銅スラグ細骨材コンクリートのワーカビリティーに関する目標性能は，一般に設計図書の特性値として示されておらず，参考値としてスランプ等が示されている．したがって，設計図書に記載された参考値を確認した上で，実工事での環境条件や施工条件，使用材料に適応したワーカビリティーを設定し，目標性能の一つとしなければならない．所要の性能を有するコンクリート構造物を構築するためには，その運搬，打込み，締固め，仕上げ等の作業に適する充填性，圧送性，凝結特性を有するように，コンクリート標準示方書［施工編：施工標準］2.3.1〜2.3.3に基づき適切に設定する必要がある．

7.5 配合条件の設定

7.5.1 銅スラグ細骨材混合率

（1）銅スラグ細骨材混合率は，所要の性能を有するコンクリートが得られるよう，試験等によってこれを適切に定めなければならない．
（2）銅スラグ細骨材混合率は，一般には30%以下を標準とする．
（3）銅スラグ細骨材混合率が30%を超える場合は，コンクリートの品質を試験等によって確認して，これを定めることを原則とする．

【解 説】 （1）について 銅スラグ細骨材は，標準，中目，粗目および細目の4種類の粒度の製品があり，普通細骨材の粒度に応じてこれらを適宜選択し，適切な割合で混合することにより，コンクリート用細骨材として所要の粒度に調整することができる．

（2）および（3）について これまでの実験結果によれば，銅スラグ細骨材混合率が30%以下の範囲で使用した場合には，銅スラグ細骨材の銘柄によらず，普通細骨材と同様に取り扱うことができ，コンクリートの品質も普通骨材コンクリートの場合とほぼ同等であることが確かめられている．したがって，この指針では，銅スラグ細骨材混合率を30%以下とすることを標準とした．また，銅スラグ細骨材混合率が30%以下であれば，環境安全面も一般のコンクリートと同等の場合がほとんどであるが，後述のとおり，試験成績表

により環境安全品質基準を満たすことを確認しなければならない．

さらに，最近では銅スラグ細骨材の製造方法が見直され，それに伴い骨材品質も変わってきているので，銅スラグ細骨材の品質によっては銅スラグ細骨材混合率が30%より大きくても所要の性能を有するコンクリートが得られる場合がある．また，コンクリートの性能は，銅スラグ細骨材の品質や銅スラグ細骨材混合率だけでなく，混合される普通細骨材の種類や品質（粒度分布，粗粒率等）によっても異なるため，良質の普通細骨材と組み合わせて用いることで，銅スラグ細骨材混合率を30%より大きい範囲で使用できる場合もある．

一方，これまでに確認されたデータからは，適切な銅スラグ細骨材混合率が，コンクリートの品質からではなく，コンクリートの用途に応じた環境安全品質基準を満足できる値（重金属含有量）から決まる場合が多いようである．環境安全品質の面からは，30～40%程度が銅スラグ細骨材混合率の上限となるデータが多い．このように，銅スラグ細骨材が含有する重金属含有量に基づいて銅スラグ細骨材混合率の上限値が決まることが考えられるため，銅スラグ細骨材の混合率に関わらず，試験成績表により環境安全品質基準を満たすことを確認しておく必要がある．

銅スラグ細骨材は，絶乾密度が $3.5g/cm^3$ 程度と普通細骨材より大きく，これを単独あるいは銅スラグ細骨材混合率が大きい範囲で用いた場合には，コンクリートの単位容積質量を大きくすることができる．例えば，銅スラグ細骨材を単独で用いた場合，コンクリートの単位容積質量は，普通骨材コンクリートよりも $300kg/m^3$ 程度大きくなり，消波ブロックや重力式構造物では有利となる．

銅スラグ細骨材コンクリートは，普通骨材コンクリートよりも長期にわたって強度が増進する場合が多い．この場合の強度増進の割合は，銅スラグ細骨材を良質の普通細骨材と混合した場合には銅スラグ細骨材混合率が高いほど大きいことが確かめられているが，吸水率が大きい普通細骨材と混合した場合には銅スラグ細骨材混合率の増加が長期的な強度増進に結びつかないとのデータもあるため注意が必要である．

コンクリートの乾燥収縮の低減効果に関して，銅スラグ細骨材混合率が30%以下の配合では必ずしも乾燥収縮は低減しないが，銅スラグ細骨材混合率がこれ以上となれば乾燥収縮の低減効果が得られることが確認されている．しかし，この点についても，混合する普通細骨材の品質によっても異なるようである．

銅スラグ細骨材は，粒子の色が黒いので，銅スラグ細骨材混合率が30%程度より大きい範囲では，銅スラグ細骨材混合率の増加とともにコンクリートは黒味を帯びてくる傾向にある．

なお，銅スラグ細骨材混合率が30%を超える場合については，「13章 特別な考慮を要するコンクリート」を参照されたい．

7.5.2 粗骨材の最大寸法

（1）粗骨材の最大寸法は，部材寸法，鉄筋のあきおよびかぶりを考慮して設定する．

（2）粗骨材の最大寸法は，鉄筋コンクリートの場合，部材最小寸法の1/5を，無筋コンクリートの場合は部材最小寸法の1/4を超えないことを標準とする．

（3）粗骨材の最大寸法は，はりおよびスラブの場合，鉄筋の最小水平あきの3/4を超えてはならない．また，柱および壁の場合，軸方向鉄筋の最小あきの3/4を超えてはならない．

（4）粗骨材の最大寸法は，かぶりの3/4を超えないことを標準とする．

（5）粗骨材の最大寸法は，**表** 7.5.1を標準とする．

表 7.5.1　粗骨材の最大寸法

構造条件	粗骨材の最大寸法
最小断面寸法が大きい※ かつ，鋼材の最小あきおよびかぶりの 3/4 ＞ 40mm の場合	40mm
上記以外の場合	20mm　または　25mm

※目安として，500mm 程度以上

【解　説】　粗骨材の最大寸法の設定は，コンクリート標準示方書［施工編：施工標準］4.5.1 に従うものとする．

7.5.3　スランプ

（1）スランプの設定にあたっては，運搬，打込み，締固め等の作業に適する範囲内でできるだけスランプが小さくなるように，事前に，打込み箇所，締固め作業高さや棒状バイブレータの挿入間隔，1 回当りの打込み高さや打上がり速度等の施工方法について十分に検討しなければならない．

（2）スランプは，運搬，打込み，締固め等の作業に適する範囲内で，材料分離を生じないように設定する．

（3）打込みの最小スランプは，構造物の種類，部材の種類と大きさ，鋼材量や鋼材の最小あき等の配筋条件，締固め作業高さ等の施工条件に基づき，これらの条件を考慮して選定する．

（4）荷卸しの目標スランプおよび練上がりの目標スランプは，打込みの最小スランプを基準として，これに荷卸しから打込みまでの現場内での運搬および時間経過に伴うスランプの低下，現場までの運搬に伴うスランプの低下，および製造段階での品質の許容差を考慮して設定する．

（5）打ち込む部材が複数ある場合で，部材ごとに個別にコンクリートを打ち込むことができる場合には，部材ごとに打込みの最小スランプを設定する．複数の部材を連続して打ち込む場合等で途中でスランプの変更ができない場合には，各部材の打込みの最小スランプのうちの大きい値を用いるのを標準とする．

（6）場内運搬としてコンクリートポンプによる圧送を行う場合には，圧送に伴うスランプの低下を考慮して，圧送条件，最小スランプ，環境条件等の諸条件に応じたスランプの低下量を見込む．

【解　説】　銅スラグ細骨材コンクリートの場合も，スランプの設定は，コンクリート標準示方書［施工編：施工標準］4.5.2 に従うものとする．なお，打込みの最小スランプの目安，施工条件に応じたスランプの低下の目安についても，コンクリート標準示方書［施工編：施工標準］に示された表を参考にできる．

　スランプの大きいコンクリートを用いれば，一般にコンクリートの打込み，締固め等の作業は容易となるが，材料分離が起こりやすくなるので，スランプは，作業に適する範囲内で，できるだけ小さくすることが大切である．特に，銅スラグ細骨材混合率が大きいコンクリートの場合は，ブリーディングが顕著となるので，打込みの最小スランプが小さな部材に適用することが望ましい．

　高性能 AE 減水剤を用いたコンクリートの場合には，荷卸しの目標スランプが 18cm となる部材にまで適用することができる．ただし，ブリーディング等，材料分離抵抗性が十分に確保できることを確認する必要がある．

7.5.4 配合強度

（1）コンクリートの配合強度は，設計基準強度および現場におけるコンクリートの品質のばらつきを考慮して定める．

（2）コンクリートの配合強度 f'_{cr} は，一般の場合，現場におけるコンクリートの圧縮強度の試験値が，設計基準強度 f'_{ck} を下回る確率が 5%以下となるように定める．

【解　説】　配合強度の設定は，コンクリート標準示方書［施工編：施工標準］4.5.3 に従うものとする．

7.5.5 水セメント比

（1）水セメント比は，65%以下で，かつ設計図書に記載された参考値に基づき，コンクリートに要求される強度，耐久性および水密性を考慮して，これらから定まる水セメント比のうちで最小の値を設定する．

（2）コンクリートの圧縮強度に基づいて水セメント比を定める場合は，以下の方法により定める．
  (a) 圧縮強度と水セメント比との関係は，試験によってこれを定めることを原則とする．試験の材齢は 28 日を標準とする．ただし，試験の材齢は，使用するセメントの特性を勘案してこれ以外の材齢を定めてもよい．
  (b) 配合に用いる水セメント比は，基準とした材齢におけるセメント水比（C/W）と圧縮強度 f'_c との関係式において，配合強度 f'_{cr} に対応するセメント水比の値の逆数とする．

（3）コンクリートの中性化，塩害，凍害等に対する耐久性を考慮して水セメント比を定める場合には，設計図書に記載された参考値に基づき，その参考値以下の水セメント比となるように定める．

（4）コンクリートの化学的侵食に対する耐久性を考慮して水セメント比を定める場合には，**解説 表 7.3.1** に基づいて定める．また，水密性を考慮する場合の水セメント比は 55%以下とするのを標準とする．

（5）銅スラグ細骨材混合率が 30%を超えるコンクリートで，耐凍害性をもとにして水セメント比を定める場合には，試験によってこれを定めなければならない．

【解　説】　（1）について　水セメント比の設定は，コンクリート標準示方書［施工編：施工標準］4.5.4 に従うものとする．ここでいうセメントには，結合材を含む．

（2）について　コンクリートの圧縮強度をもとにして水セメント比を定める方法は，コンクリート標準示方書［施工編：施工標準］に示されている通常の方法によって行えばよい．この場合，銅スラグ細骨材コンクリートの圧縮強度とセメント水比（C/W）との関係式が，使用する銅スラグ細骨材の種類や銅スラグ細骨材混合率等によっても相違することを念頭におく必要がある．

これまでの室内あるいは屋外暴露による実験結果によれば，7.5.1 に述べたように，銅スラグ細骨材コンクリートは，普通骨材コンクリートに比べて，使用材料や銅スラグ細骨材混合率によっては長期材齢での強度発現が大きくなる傾向にある．したがって，圧縮強度の試験の材齢を適切に定めて圧縮強度と水セメント比との関係を求め，水セメント比を定めることは有効である．

（3）について　銅スラグ細骨材混合率が 30%を超える銅スラグ細骨材コンクリートで，水セメント比が大きく，ブリーディングが著しく増大した場合には，十分な耐凍害性が得られないことがある．しかし，銅スラグ細骨材混合率が 30%以下で，水セメント比および空気量を普通骨材コンクリートの場合とほぼ同等な

値となるよう適切に選定し，ブリーディングが特に多くならない条件下では，普通骨材コンクリートと同等の耐凍害性が得られることが，これまでの実験によって確かめられている．したがって，凍害に対する耐久性を考慮して水セメント比を定める場合も，コンクリート標準示方書［施工編：施工標準］に従えばよい．

（4）について　銅スラグ細骨材コンクリートの化学的侵食に対する耐久性や水密性は，普通骨材コンクリートとほぼ同等であるので，コンクリート標準示方書［施工編：施工標準］の規定によることとした．

（5）について　これまでの実験結果によれば，銅スラグ細骨材コンクリートの耐凍害性は，水セメント比や空気量だけでなく，ブリーディング量の影響も大きく受けることが指摘されている．特に銅スラグ細骨材混合率が30%を超えるコンクリートで，ブリーディングが著しい場合には，空気量を増加させても普通コンクリートと同等の耐凍害性が得られないことが多い．したがって，銅スラグ細骨材混合率が30%を超えるコンクリートで，耐凍害性をもとにして水セメント比を定める場合には，試験によって所要の水セメント比の値を定めるように規定した．

7.5.6　空 気 量

（1）コンクリートの空気量は，粗骨材の最大寸法，その他に応じてコンクリート容積の4〜7%を標準とする．

（2）コンクリートの空気量試験は，JIS A 1116，JIS A 1118，JIS A 1128のいずれかによるものとする．

【解　説】　空気量の設定は，コンクリート標準示方書［施工編：施工標準］4.5.5に従うものとする．

銅スラグ細骨材コンクリートは，ワーカビリティー，気象作用に対する耐久性，その他の品質を向上させるためにAEコンクリートとしなければならない．

エントレインドエアによるコンクリートのワーカビリティーの改善効果は非常に大きいので，AEコンクリートとすることにより，所要のワーカビリティーを得るのに必要な単位水量をかなりに減らすことができ，ブリーディングの低減やコンクリートのその他の品質の向上にも効果がある．

銅スラグ細骨材混合率を30%程度以下とした銅スラグ細骨材コンクリートのブリーディング率は，普通骨材コンクリートと同程度であり，水セメント比および空気量を適切に選定すれば，普通骨材コンクリートと同等の耐凍害性を得ることができる．したがって，銅スラグ細骨材コンクリートの空気量は，普通骨材コンクリートと同様に，練混ぜ後において，コンクリート容積の4〜7%を標準とした．

銅スラグ細骨材混合率が30%を超える銅スラグ細骨材コンクリートの場合は，ブリーディング率が増加する傾向にあるので，耐凍害性が特に重要となる構造物にこれを用いる場合は，練混ぜ後の目標空気量を上記の値より0.5〜1%程度大きくするとよい．

7.6　暫定の配合の設定

7.6.1　単位水量

（1）単位水量は，作業ができる範囲内でできるだけ小さくなるように，試験によって定める．

（2）コンクリートの単位水量の上限は175kg/m^{3}を標準とする．単位水量がこの上限値を超える場合には，所要の耐久性を満足していることを確認しなければならない．

【解　説】　（1）について　単位水量が大きくなると，材料分離抵抗性が低下するとともに，乾燥収縮が増加する等，コンクリートの品質の低下につながるため，作業ができる範囲内でできるだけ単位水量を小さくする必要がある．銅スラグ細骨材コンクリートを製造する場合にも，AE減水剤や高性能AE減水剤を用いて，できるだけ単位水量を減ずることが望ましい．所要のスランプを得るのに必要な単位水量は，粗骨材の最大寸法，混和材料の種類，コンクリートの空気量等とともに，銅スラグ細骨材の種類や銅スラグ細骨材混合率によっても変化するので，実際の施工に用いる材料を用いた試し練りを行い，これを定めることとした．

　（2）について　これまでの実験結果によれば，銅スラグ細骨材混合率が30％以下の範囲で銅スラグ細骨材コンクリートの所要のスランプを得るための単位水量は，普通細骨材を用いた場合とほぼ同等である．これに対して，銅スラグ細骨材混合率が30％を超える銅スラグ細骨材コンクリートの単位水量は，普通骨材コンクリートの場合より増加する傾向にある．この場合の水量の増加量は，スランプが10 cm程度以下の範囲では，5～10 kg/m³程度である．なお，スランプがこれより大きい範囲では，普通骨材コンクリートの場合と銅スラグ細骨材コンクリートの場合との単位水量の差は少なくなる傾向にある．銅スラグ細骨材コンクリートの単位水量も，普通骨材コンクリートの場合と同様に，**解説　表7.6.1**に示す単位水量の推奨値を超えないように定めることが重要である．銅スラグ細骨材を用いたスランプの大きいコンクリートで，高性能AE減水剤を使用する場合でも，普通骨材コンクリートの場合と同様に，その単位水量は175 kg/m³を超えてはならない．

　AE減水剤を用いたコンクリートにおいて，単位水量が175 kg/m³を超える場合には，AE減水剤に代えて高性能AE減水剤を使用して単位水量が175 kg/m³以下となる配合とすることが望ましい．

　単位水量の下限値は特に定めないが，砕石や砕砂を用いる場合の単位水量は少なくとも145 kg/m³以上を目安とするのがよい．ただし，良質の川砂利等の材料を用いると，単位水量が135 kg/m³程度で所定のスランプが得られる場合があるので，所要のワーカビリティーが得られる場合には単位水量が小さくてもよい．ここで，単位水量が推奨範囲内であっても，使用材料や配合条件によってはブリーディングが過大となる場合があるので，適度なブリーディング性状となるように細骨材率や単位粉体量等を修正することが望ましい．また，微粒分が多い銅スラグ細骨材や高炉スラグ微粉末，シリカフューム，石灰石微粉末等の混和材を使用することは，ブリーディング量を低減するのに効果的である．

解説　表7.6.1　コンクリートの単位水量の推奨範囲

粗骨材の最大寸法（mm）	単位水量の推奨範囲（kg/m³）
20～25	155～175
40	145～165

7.6.2　単位セメント量

　単位セメント量は，設計図書に記載された参考値に基づき設定する．単位セメント量に下限あるいは上限が定められている場合には，これらの規定を満足させなければならない．

【解　説】　単位セメント量は，設計図書に記載された参考値に基づいて定める．単位セメント量の上限値あるいは下限値が記載されている場合には，単位水量と水セメント比から求めた単位セメント量が，その単位セメント量の上限値以下あるいは下限値以上であることを確認し，これを満足しない場合には，使用材料や配合を変更する．単位セメント量が少なすぎるとワーカビリティーが低下するため，単位セメント量は，

粗骨材の最大寸法が 20〜25mm の場合に少なくとも 270 kg/m³ 以上（粗骨材の最大寸法が 40mm の場合は 250 kg/m³ 以上），より望ましくは 300 kg/m³ 以上確保するのがよい．

単位セメント量が増加し，セメントの水和に起因するひび割れが問題となる場合には，セメントの種類の変更や石灰石微粉末等の不活性な粉体の利用を検討するのがよい．設計図書に記載された単位セメント量の上限値あるいは下限値を外れる場合や，セメントの種類を変更する場合には，改めてセメントの水和に起因するひび割れの照査を行う必要がある．

また，海洋コンクリートや水中コンクリートの場合の単位セメント量は，［施工編：特殊コンクリート］7章および8章の規定による．

7.6.3 単位粉体量

（1）単位粉体量は，スランプの大きさに応じて適切な材料分離抵抗性が得られるように設定する．

（2）単位粉体量は，圧送および打込みに対して適切な範囲で設定する．

（3）単位粉体量の下限あるいは上限が定められている場合には，これらの規定を満足させなければならない．

【解 説】　（1）について　粉体とは，セメントはもとより，高炉スラグ微粉末，フライアッシュ，シリカフュームあるいは石灰石微粉末等，セメントと同等ないしはそれ以上の粉末度を持つ材料の総称である．これらの各種粉体の単位量を総和したものが単位粉体量であり，単位粉体量はコンクリートの材料分離抵抗性を左右する主要な配合要因である．なお，混合セメントも含めてセメントのみを用いる場合には，単位粉体量と単位セメント量は同じとなる．

スランプに応じた適切な単位粉体量が確保されてないと材料分離を生じやすく，豆板や未充填といった不具合発生の要因となる．そのため，良好な充填性および圧送性を確保する観点から，粗骨材の最大寸法が 20〜25mm の場合に少なくとも 270 kg/m³ 以上（粗骨材の最大寸法が 40mm の場合は 250 kg/m³ 以上）の単位粉体量を確保し，より望ましくは 300 kg/m³ 以上とするのが推奨される．本指針では，骨材の微粒分は粉体として考慮していない．骨材の微粒分が多い場合には，コンクリート粘性が高くなりワーカビリティーが低下することがあるため，必要に応じて単位粉体量を減らすようにする．また，銅スラグ細骨材混合率が高い場合，単位粉体量の増加によるブリーディング抑制効果は顕著である．これらのことも考慮し，銅スラグ細骨材混合率に応じて，適切な単位粉体量を設定することが望ましい．

なお，設定したスランプに対応した単位粉体量の目安を定めるのに際して，土木学会「施工性能にもとづくコンクリートの配合設計・施工指針（案）」の2章を参考にするとよい．

（2）について　圧送において管内閉塞を生じることなく円滑な圧送を行うためには，一定以上の単位粉体量を確保する必要がある．

（3）について　設計図書で単位結合材量の上限あるいは下限が記載されている場合には，それらと上記（1）および（2）から決まる単位粉体量とを比較し，両者の条件が同時に満足されるように単位粉体量を設定する必要がある．両者の条件を満足できない場合には，使用材料や配合を変更する必要がある．

7.6.4 細骨材率

細骨材率は，所要のワーカビリティーが得られる範囲内で単位水量ができるだけ小さくなるように，試験によって定める．

【解説】　コンクリートの配合設計においては，細骨材率を適切に定める．一般に，細骨材率が小さいほど，同じスランプのコンクリートを得るのに必要な単位水量は減少する傾向にあり，それに伴い単位セメント量の低減も図れることから，経済的なコンクリートとなる．しかし，細骨材率を過度に小さくするとコンクリートが粗々しくなり，材料分離の傾向も強まるため，ワーカビリティーの低下につながりやすい．使用する細骨材および粗骨材に応じて，所要のワーカビリティーが得られ，かつ，単位水量が最小になるような適切な細骨材率が存在する．適切な細骨材率は細骨材の粒度，コンクリートの空気量，単位セメント量，混和材料の種類等とともに，銅スラグ細骨材の種類や銅スラグ細骨材混合率によっても相違するので，単位水量が最小となるように試験によって定める必要がある．

工事期間を通して，骨材の粒度が安定しているのが望ましい．工事期間中に，配合選定の際に用いた細骨材に対して粗粒率が 0.2 程度以上変化するとワーカビリティーに及ぼす影響も大きくなる．このような場合，配合を修正する必要があるが，配合の修正に際しては，細骨材率の適否についても改めて試験によって確認しておくことが望ましい．

場内運搬が圧送による場合には，細骨材率が圧送性に影響を及ぼすため，ポンプの性能，配管，圧送距離等に応じて，既往の資料や実績から適切な細骨材率を設定する必要がある．（コンクリート標準示方書［施工編：施工標準］7.3.2.1 もしくは「コンクリートのポンプ施工指針」参照）．

流動化コンクリートの場合は，流動化後のコンクリートのワーカビリティーを考慮して細骨材率の値を決定する必要がある（コンクリート標準示方書［施工編：特殊コンクリート］2 章参照）．高性能 AE 減水剤を用いたコンクリートの場合は，水セメント比およびスランプが同じ通常の AE 減水剤を用いたコンクリートに比較して，細骨材率を 1〜2% 大きくすると良好な結果が得られることが多い．この傾向は，銅スラグ細骨材を用いたコンクリートの場合も同じである．

コンクリートの細，粗骨材の割合を定める方法としては，上記の細骨材率のほか，粗骨材の単位容積質量に基づく方法もある．特に，大きなスランプであるほど細骨材率とワーカビリティーの良否との関係が不明確になりやすいため，先に粗骨材の単位容積質量を定めた方がより適切に配合を選定できる場合もある．また，この方法によれば，プラスティックなコンクリートの場合，スランプや水セメント比に関係なく，粗骨材の最大寸法と細骨材の粒度に応じてコンクリート $1m^3$ 中の粗骨材のかさ容積（単位粗骨材かさ容積）がほぼ一定となり，砕石のような角ばった骨材を用いるときでも容易に粗骨材量を決めることができる．

JIS A 5011-3 に適合する平均的な 2.5 mm 銅スラグ細骨材を用いたコンクリートの適切な細骨材率は，粗粒率が 2.70 程度の標準的な川砂を用いたコンクリートとほぼ同等であることが，これまでの実験結果により確かめられている．また，銅スラグ細骨材コンクリートの水セメント比を変化させた場合に調整すべき細骨材率の補正は，普通骨材コンクリートの場合とほぼ同様と考えてよい．

スランプに対応した細骨材率や単位粗骨材量を定める際には，コンクリート標準示方書［施工編：施工標準］の 4.6.4 を参考とするとともに，土木学会「施工性能にもとづくコンクリートの配合設計・施工指針」の 5 章を参考にするとよい．

7.6.5 混和材料の単位量

混和材料の単位量は，所要の効果が得られるように定める．

【解　説】　混和材料の効果は，混和材料そのものの特性だけでなく，セメントおよび骨材の性質，併用する混和材料の種類，コンクリートの配合，施工条件，環境条件等によって相違する．そのため，用途に応じて所要の効果が得られるように，試験あるいは既往の実績や資料を参考として適切な使用量を定める必要がある．なお，複数の種類の混和材料を組み合わせて使用する場合，フレッシュ性状や硬化コンクリートの性能に予期せぬ影響を及ぼすことがあるので，新たな組合せを採用する場合は事前に十分な検討を行うのがよい．

7.6.6 銅スラグ細骨材混合率

銅スラグ細骨材混合率は，所要の効果が得られるように，試験等によってこれを適切に定めなければならない．

【解　説】　これまでの実験結果によれば，銅スラグ細骨材混合率が30％以下の範囲で使用した場合には，銅スラグ細骨材の銘柄によらず，普通細骨材と同様に取り扱うことができ，コンクリートの品質も普通骨材コンクリートの場合とほぼ同等であることが確かめられている．環境安全面も一般のコンクリートと同等に扱って差し支えないが，6.2.1に述べたとおり，試験成績表により環境安全品質基準を満たすことを確認する必要がある．

銅スラグ細骨材コンクリートは，普通骨材コンクリートよりも長期にわたって強度が増進する場合が多い．また，この場合の強度増進の割合は，銅スラグ細骨材混合率を大きくした場合ほど大きいことが確かめられている．

7.7　試し練り

7.7.1　一　　般

（１）配合条件を満足するコンクリートが得られるよう，試し練りによって，コンクリートの配合を定めなければならない．

（２）コンクリートの試し練りは，室内試験によることを標準とする．

（３）計画配合が配合条件を満足することを実績等から確認できる場合は，試し練りを省略してもよい．

【解　説】　（１）について　配合設計において設定した配合が所要の配合条件を満足することを確認するために，試し練りを行う．コンクリートの性能は種々の要因の影響を受け，特にフレッシュコンクリートは，練混ぜ後の時間の経過や環境温度，場内運搬方法等の違いによって，その特性が大きく変化する．コンクリートの配合設計においては，打込み時に必要とされるコンクリートのワーカビリティーが確保されるように，練上がり，荷卸しのそれぞれの段階で目標とする品質を設定することが重要である．そのため，コンクリートの施工に際しては，所要の性能を満足するコンクリートが得られるように，予め試し練りを行い，配合を

決定することとした．なお，試し練りは，必要に応じて，コンクリート主任技士，コンクリート技士，あるいはこれらの資格相当の能力を有する技術者の指示のもとで実施する．

（2）および（3）について　コンクリートの配合を決定するには，品質が確かめられた各種材料を用いて，これらを正確に計量し，十分に練り混ぜる必要があるため，試し練りは室内試験によることを標準とした．ただし，室内試験におけるコンクリートの製造条件が実際の製造条件と相違する場合，製造後の時間経過に伴うコンクリートの品質変化を確認する場合には，室内試験とは別に実機ミキサによる試し練りを行うことが望ましい．

7.7.2　試し練りの方法

（1）室内試験で試し練りを行う場合，実際の製造条件とのスランプの差，施工時のコンクリート温度および練混ぜ性能や運搬時間等を考慮して，練上がり時のワーカビリティーを判断する．

（2）コンクリートの試し練りは，室温20±3℃の条件で実施することを標準とする．この試験条件で実施できない場合には，温度差を補正して配合を決定する．

（3）試験ミキサによる配合試験では，コンクリートのワーカビリティーを確認するために，適切な項目を選択して試験を行わなければならない．

【解　説】　（1）について　配合設計の段階において，打込みの最少スランプを基準として，運搬時間，現場での待機時間および現場内での運搬によるスランプの低下を考慮して，荷卸しの目標スランプ，および練上がりの目標スランプを設定する．したがって，室内試験による試し練りでは，練上がり直後だけでなく時間経過に伴うスランプの低下も考慮して，荷卸し箇所の目標スランプや練上がりの目標スランプが確保できるように配合補正を繰り返し，所定の打込みの最少スランプが得られるようにする必要がある．なお，配合の補正に際しては，**解説　表7.6.2**および**解説　表7.6.3**を参照するのがよい．

試し練りにおいて，想定される練上がりから打込みまでの時間のスランプの経時変化を確認しておくのがよい．試し練りの結果，時間経過に伴うスランプの低下が配合設計時に想定した低下量よりも大きい場合には，打込み時の最小スランプを確保できるように，適切な混和剤を用いる等によりスランプ保持性を持った配合を選定しておくことが重要である．なお，一般的には，静置状態にある少量の試料を用いた室内試験と比べて，実機ミキサで製造し実車で常時アジテートした状態の方がスランプの低下が小さくなる傾向にあり，実機試験の方がスランプの保持時間が概ね30分程度長くなると考えてよい．

また，ミキサの形式によっても練混ぜ性能が大きく異なり，練上がりの品質やその後の品質変化に影響を及ぼすため，室内試験に用いるミキサは実機ミキサと同形式のものを用いることが望ましい．

（2）について　室内試験における試し練りは一定の温度の条件で行うのが望ましく，JIS A 1138「試験室におけるコンクリートの作り方」に従って行う．ただし，室内試験時と実際の施工時期とが相当に異なり，打込み温度も大きく異なることが予想される場合には，その温度条件の違いを考慮して配合を決定する必要がある．また，必要に応じて，実機における試し練りを行い，室内試験で得られた配合を修正するのがよい．

（3）について　配合試験では，配合設計で定めた配合が，充填性，圧送性，凝結特性について，目標とする性能を有しているかどうか確認する．

7.8 配合の表し方

配合の表し方は，一般に**表 7.8.1**によるものとし，スランプは標準として荷卸しの目標スランプを表示する．

表 7.8.1 配合の表し方

粗骨材の最大寸法 (mm)	スランプ[1] (cm)	空気量 (%)	水セメント比[2] W/C (%)	細骨材率 s/a (%)	単位量(kg/m³)						
					水 W	セメント C	混和材[3] F	細骨材[4] S		粗骨材 G	混和剤[5] A
								普通	銅スラグ CUS( )	mm~mm　mm~mm	
									(%)		

注 1) 必要に応じて，打込みの最小スランプや練上がりの目標スランプを併記する．
2) ポゾラン反応性や潜在水硬性を有する混和材を使用する場合は，水セメント比は水結合材比（W/(C+F)）となる．
3) 複数の混和材を用いる場合は，必要に応じて，それぞれの種類ごとに分けて別欄に記述する．
4) 上段に普通細骨材と銅スラグ細骨材に分けて記入する．また，下段に銅スラグ混合細骨材の単位量と（ ）内にその銅スラグ細骨材混合率（CUS混合率）を記入する．
5) 混和剤の単位量は ml/m³, g/m³ またはセメントに対する質量百分率で表し，薄めたり溶かしたりしない原液の量を記述する．

【解　説】 配合は質量で表すのを原則とし，コンクリートの練上がり 1m³ 当りに用いる各材料の単位量を **表 7.8.1** のような配合表で示すものとする．銅スラグ細骨材コンクリートの計画配合の表し方は，細骨材の単位量の表し方を除いて，普通骨材コンクリートの場合と基本的には同じである．

コンクリートの練混ぜ時に銅スラグ細骨材と普通細骨材とを混合する場合は，それぞれの単位量，両者の単位量の合計および銅スラグ細骨材混合率を示すことを標準とする．予め混合された銅スラグ混合細骨材を使用する場合は，その単位量と銅スラグ細骨材混合率を必ず明記することとする．

配合表には，構造物の種類，設計基準強度，配合強度，セメントの種類，細骨材の粗粒率，粗骨材の種類，粗骨材の実積率，混和剤の種類，運搬時間，施工時期等についても記載しておくのが望ましい．また，配合表に記載するスランプは荷卸し箇所の目標スランプを標準とし，必要に応じて，練上がりの目標スランプや打込みの最小スランプを併記しておくのがよい．さらに，充填性や圧送性について，スランプに応じた適切な材料分離抵抗性を有しているかどうかの目安として，セメントおよび混和材等の各種の粉体を総計した単位粉体量を併記しておくのがよい．AE 減水剤や高性能 AE 減水剤の使用量は，単位セメント量あるいは単位結合材量に対する比率を併記することが望ましい．

8章 製 造

8.1 総 則

> 銅スラグ細骨材コンクリートの製造は，所要の品質を有するコンクリートが得られるように行わなければならない．

【解 説】 所要の品質を有する銅スラグ細骨材コンクリートを製造するためには，設備が所要の性能を有していること，製造方法が適切であること，ならびにコンクリートの品質を安定させる管理能力を有する技術者が品質管理を行うことが重要である．

8.2 製造設備

8.2.1 貯蔵設備

> 銅スラグ細骨材，普通骨材の貯蔵は，種類および粒度ごとにそれぞれ区切りをつけて，別々に行わなければならない．

【解 説】 銅スラグ細骨材は，普通骨材の場合と同様に，大小粒が分離しないよう，骨材を適当な含水状態に保ち，適切な構造の貯蔵設備に貯蔵しなければならない．

また，ごみや雑物等の他，塩化物等の有害物が混入することのないよう，適切に貯蔵しなければならない．

8.2.2 ミキサ

> 銅スラグ細骨材を用いたコンクリートは，バッチミキサを使用することを原則とする．

【解 説】 銅スラグ細骨材は，骨材の全量として用いることは少なく，骨材の一部として混合して用いる場合が多い．したがって，密度差があるため，練混ぜ性能の高いバッチミキサを使用することとした．連続ミキサを使用する場合は，練混ぜ性能を確認したうえで，使用するのがよい．

8.3 計 量

> 銅スラグ細骨材コンクリートに用いるそれぞれの材料の計量は，所定の品質のコンクリートが得られるよう，正しくこれらを行わなければならない．

【解 説】 銅スラグ細骨材コンクリートの各材料の計量誤差は，コンクリートの品質変動の原因となるので，1バッチ分ずつ質量で計量し，その計量誤差は1回計量分に対して，コンクリート標準示方書［施工編：施工標準］に定められている計量誤差の最大値以下とし，所定の精度で，各材料を正しく計量する必要があ

る．

> ## 8.4 練混ぜ
> 材料をミキサに投入する順序および練混ぜ時間は，予め適切に定めておかなければならない．

【解　説】　均質な銅スラグ細骨材コンクリートを製造するため，材料の投入順序および練混ぜ時間を，予め試験練りにより適切に定めておかなければならないことは，普通骨材コンクリートの場合と同様である．なお，練混ぜ時に銅スラグ細骨材と普通骨材とを混合する場合，これらの材料の投入順序が均一性に及ぼす影響はほとんどないと考えてよい．また，一般に銅スラグ細骨材コンクリートの練混ぜ時間がコンクリートの品質に及ぼす影響は，普通骨材コンクリートの場合と同様である．

9章　レディーミクストコンクリート

9.1　総　　則

銅スラグ細骨材を用いたレディーミクストコンクリートは，JIS A 5308 に適合し，JIS マーク表示認証のある製品（以下，JIS 認証品と略す）を用いることを原則とする．

【解　説】 JIS A 5011-3「銅スラグ骨材」に適合する銅スラグ細骨材を用いたレディーミクストコンクリートは，JIS A 5308「レディーミクストコンクリート」において普通骨材コンクリートと同等の扱いがなされる．ただし，環境安全品質を満足できる銅スラグ細骨材混合率であることを確認する必要がある．

銅スラグ細骨材は，JIS A 5308 に規定されているコンクリートの種類のうち，普通コンクリート（呼び強度 18 から 45）及び舗装コンクリート（呼び強度曲げ 4.5）に用いることができる．

レディーミクストコンクリートの購入にあたっては，この指針の規定を遵守し，所要の品質が得られるよう銅スラグ細骨材混合率等を確認することが大切である．特に，構造物の設計において単位容積質量が大きいコンクリートが検討されている場合には，「その他必要な事項」としてその値を指定することが大切である．ただし，JIS 認証品とならないため，全国生コンクリート品質管理監査会議から㊜マークを承認された工場を選定するのがよい．レディーミクストコンクリート工場の選定は，コンクリート標準示方書［施工編：施工標準］6.2 の規定にしたがって行えばよい．

なお，銅スラグ細骨材を単独で使用したコンクリートや銅スラグ細骨材混合率が大きいコンクリートの場合は，単位容積質量が大きくなるので，運搬に当たってはこのことを念頭におく必要がある．

近年，JIS A 5308 では，環境への配慮を目的とした規格の改正が行われ，環境ラベル（2011 年改正）と回収骨材の取扱い（2014 年改正）が追加されている．スラグ骨材は，**解説 表** 9.1.1 に示すリサイクル材として位置付けられており，レディーミクストコンクリートの生産者が環境への貢献を主張するため，**解説 図** 9.1.1 に示す環境ラベル（使用材料名の記号と含有量）を納入書に付記することができる．回収骨材は，レディーミクストコンクリートの生産において残留したフレッシュコンクリートを，清水又は回収水で洗浄し，粗骨材と細骨材に分別して取り出したものである．ただし，銅スラグ細骨材のように密度の著しく異なる骨材を用いたコンクリートから回収した骨材は，使用できないので注意を要する．

解説 表 9.1.1 JIS A 5308:2014 におけるリサイクル材

使用材料名	記号[1]	表示することが可能な製品
エコセメント	E（又は EC）	JIS R 5214（エコセメント）に適合する製品
高炉スラグ骨材	BFG 又は BFS	JIS A 5011-1（コンクリート用スラグ骨材－第1部：高炉スラグ骨材）に適合する製品
フェロニッケルスラグ骨材	FNS	JIS A 5011-2（コンクリート用スラグ骨材－第2部：フェロニッケルスラグ骨材）に適合する製品
銅スラグ骨材	CUS	JIS A 5011-3（コンクリート用スラグ骨材－第3部：銅スラグ骨材）に適合する製品
電気炉酸化スラグ骨材	EFG 又は EFS	JIS A 5011-4（コンクリート用スラグ骨材－第4部：電気炉酸化スラグ骨材）に適合する製品
再生骨材 H	RHG 又は RHS	JIS A 5021（コンクリート用再生骨材 H）に適合する製品
フライアッシュ	FA I 又は FA II	JIS A 6201（コンクリート用フライアッシュ）のI種又はII種に適合する製品
高炉スラグ微粉末	BF	JIS A 6206（コンクリート用高炉スラグ微粉末）
シリカフューム	SF	JIS A 6207（コンクリート用シリカフューム）
上澄水	RW1	JIS A 5308 の附属書 C に適合する上澄水
スラッジ水	RW2	JIS A 5308 の附属書 C に適合するスラッジ水

注[1] それぞれの骨材の記号の末尾において，G は粗骨材を，S は細骨材を示す．

CUS 30 %[1]

注1) この表示例は，細骨材のうち，銅スラグ細骨材を質量比で 30%使用していることを意味する．ただし，本指針では，混合率を容積比で表記するため，CUS 質量比と CUS（容積）混合率は異なることに注意する必要がある．

解説 図 9.1.1 環境ラベルの表記の例

10章　運搬・打込みおよび養生

10.1　総　則

　銅スラグ細骨材コンクリートの運搬，打込み，締固め，仕上げおよび養生は，所要の品質を有するコンクリート構造物が得られる方法で実施しなければならない．

【解　説】　銅スラグ細骨材混合率が30%以下の銅スラグ細骨材コンクリートの運搬，打込み，締固め，仕上げおよび養生は，普通骨材コンクリートと同様な方法で行ってよい．なお，銅スラグ細骨材混合率が30%を超える場合は，13章の13.2「単位容積質量が大きいコンクリート」を参照するのがよい．

10.2　練混ぜから打終わりまでの時間

　練り混ぜてから打ち終わるまでの時間は，外気温が25℃以下で2時間以内，25℃を超えるときで1.5時間以内を標準とする．

【解　説】　銅スラグ細骨材コンクリートの凝結性状は，銅スラグ細骨材混合率が30%以下の場合は普通骨材コンクリートのそれと同程度である．したがって，銅スラグ細骨材コンクリートにおいて，練り混ぜてから打ち終わるまでの時間は，普通骨材コンクリートの場合と同様に，外気温が25℃以下で2時間以内，25℃を超えるときで1.5時間以内が目安となるので，これを標準とした．なお，一般に，混合率が大きくなると銅スラグ細骨材コンクリートの凝結時間が長くなる傾向にある．

10.3　運　搬

　（1）銅スラグ細骨材コンクリートの現場までの運搬は，荷卸しが容易で，運搬中に材料分離を生じにくく，スランプや空気量の変化が小さい方法によらなければならない．
　（2）銅スラグ細骨材コンクリートのコンクリートポンプによる現場内での運搬は，圧送後のコンクリートの品質とコンクリートの圧送性を考慮し，コンクリートポンプの機種および台数，輸送管の径，配管の経路，吐出量等を決めなければならない．

【解　説】　（1）について　銅スラグ細骨材コンクリートのプラントから現場までの運搬は，普通骨材コンクリートと同様な方法で行ってよい．また，運搬時間の経過にともなうフレッシュコンクリートの性状の変化も，普通骨材コンクリートとほぼ同じと考えてよい．
（2）について　コンクリートポンプで圧送されるコンクリートは，圧送作業に適し，圧送後の品質の低下が所定の範囲内であることが重要である．実際に圧送したコンクリートの品質変化が想定の範囲を超える場合にはコンクリートの配合，スランプ，圧送方法等を見直す必要がある．

コンクリートポンプによる運搬を行う場合の水平換算長さは，水平圧送の場合は普通骨材コンクリートと同じと考えてよい．また，鉛直圧送の場合の水平換算長さについても，銅スラグ細骨材混合率が30％以下の場合は，普通骨材コンクリートと同じと考えてよい．

銅スラグ細骨材コンクリートは単位容積質量が大きくなるとともにブリーディング量が増大する傾向にあるので，圧送を長時間中断する場合には再開時の圧送抵抗が大きくなり，閉塞の危険性が高くなると考えられる．したがって，このようなコンクリートを圧送する場合には，できるだけ連続して圧送するように計画し，やむを得ず中断する場合でも，その時間をできるだけ短くすることが望ましい．また，コンクリートの配合設計時に圧送性についても検討し，必要に応じて，細骨材率を増大させたり，単位粉体量を増やす等の適切な措置を講じるとともに，コンクリートポンプ機種，配管方法等について事前に検討し，圧送中に閉塞等のトラブルが生じないように注意することが重要である．

コンクリートポンプによる圧送作業は，圧送条件に応じて十分に対応できる知識と経験を有する者が行う必要がある．このため，圧送作業は，労働安全衛生法の特別教育を受けた者で，かつ，厚生労働省の職業能力開発促進法に定められたコンクリート圧送施工技能士の1級または2級の資格を保有し，また，全国コンクリート圧送事業団体連合会が行う当該年度の全国統一安全・技術講習会を受講している者が行うのがよい．

10.4 打込み，締固めおよび仕上げ

銅スラグ細骨材コンクリートの打込み，締固めおよび仕上げは，コンクリートの材料分離ができるだけ少なくなるような方法で行わなければならない．

【解 説】 銅スラグ細骨材混合率の増加にともないブリーディング量は増加するとともにブリーディング終了時間が長くなる傾向が認められる．このため，普通骨材コンクリートの場合よりも打込み中にコンクリート表面にブリーディング水は集まりやすくなるため，打重ね時には，適当な方法で取り除いてからコンクリートを打ち込まなければならない．また，1回に打込む層の厚さがあまり大きくならないよう配慮する．

銅スラグ細骨材混合率が30％以下のコンクリートの施工性能は普通骨材コンクリートのそれと同程度であるため，打込みおよび締固めは普通骨材コンクリートの施工方法に準じてよい．

上述のように銅スラグ細骨材コンクリートは，ブリーディング量が増加するとともにブリーディング終了時間が長くなる傾向が認められるため，コンクリートの表面仕上げの時期が遅れることが多い．特に，寒冷地における施工等では，この点にも注意する必要がある．

10.5 養 生

銅スラグ細骨材コンクリートは，打込み後の一定期間を硬化に必要な温度および湿度に保ち，有害な作用の影響を受けないように，十分に養生しなければならない．

【解 説】 銅スラグ細骨材コンクリートの養生は，一般には，普通骨材コンクリートと同様に行えばよい．ただし，寒冷期には，銅スラグ細骨材コンクリートのブリーディングの終了時間が，普通骨材コンクリートに比べて遅れることがある．このような場合には，初期凍害を受けないように，適切な養生を行う必要があ

る．

　銅スラグ細骨材コンクリートをプレキャストコンクリート製品に用いる場合は，常圧蒸気養生を適用してよい．

11章 品質管理

11.1 総　則

> 銅スラグ細骨材を用いて所要の品質を有するコンクリート構造物を造るため，骨材の品質管理，コンクリートの品質管理ならびに施工の各段階における品質管理を適切に行わなければならない．

【解　説】　銅スラグ細骨材コンクリートの品質管理は，銅スラグ細骨材ならびに銅スラグ混合細骨材を製造する際の品質管理，これらを骨材として用いたコンクリート製造時の品質管理，および施工の管理がある．

所要の品質を有するコンクリート構造物を造るために，これらの品質管理が重要であることは，通常のコンクリート構造物の場合と同様であり，品質管理の基本的な考え方も同様である．これについては，コンクリート標準示方書［施工編：施工標準］15章を参照するとよい．

ここでは，銅スラグ細骨材を用いたコンクリートの場合に，特に特徴的な項目について記述する．

11.2　銅スラグ細骨材の品質管理

> 安定した品質の銅スラグ細骨材が得られるよう6章に示される品質管理項目について管理する．

【解　説】　6章では，銅スラグ細骨材コンクリートに用いる骨材の品質を，銅スラグ細骨材，普通骨材および銅スラグ混合細骨材の3種類に規定している．

銅スラグ細骨材の製造においては，銅スラグ細骨材の品質が安定して6.2の規定，すなわちJIS A 5011-3「銅スラグ骨材」の規格に適合するよう，品質管理を行わなければならない．

11.3　銅スラグ混合細骨材の品質管理

> 安定した品質の銅スラグ混合細骨材が得られるよう適切に品質管理する．

【解　説】　銅スラグ混合細骨材の製造にあたっては，品質の項目に応じて，適切に品質管理する必要がある．品質の項目によって，混合前の骨材について適合しなければならない項目と混合後の骨材として適合すればよいものとに分けられるので，それに応じて品質管理を行えばよい．

粒度と塩化物含有量については，銅スラグ混合細骨材としての検査結果が，6.4.2および6.4.3に適合するように品質管理を実施する．

予め混合された銅スラグ混合細骨材の粒度分布を，ふるい分け試験によって正確に求めることは困難である．そのため，混合前の銅スラグ細骨材と普通細骨材の粒度分布および密度から計算によって質量に基づく粒度分布を求め，ふるい分け試験によって得られる銅スラグ混合細骨材の質量に基づく粒度分布と比較することによって，品質管理を行うことがよい．

銅スラグ骨材に環境安全品質が導入されたことにともない，製造されるコンクリートの環境安全品質を担保するため，銅スラグ混合細骨材に含まれる銅スラグ細骨材混合率を適切に管理する必要がある．予め混合された銅スラグ混合細骨材の製造にあたっては，実績に基づいて，普通細骨材と銅スラグ細骨材を十分に撹拌し均一な分布となるように，切り返し回数等製造の手順を予め定めておくとよい．また，予め混合された銅スラグ混合細骨材の混合率については，適切な測定頻度を設定し，試験によってこれを推定しておくとよい．ここで，銅スラグ細骨材混合率の推定方法としては，付録IV「フェロニッケルスラグ細骨材および銅スラグ細骨材混合率確認方法」に示した通り，蛍光X線分析による方法と，混合骨材の絶乾密度測定による方法とがある．それぞれ，銅スラグ細骨材と，混合のもととなる普通細骨材の品質が変化しなければ，予め混合率を変化させて検量線を作成しておけば，比較的精度よく混合率の評価が可能であるので，それに従って混合率の推定を行うとよい．

なお，混合細骨材の単位容積質量試験によるスラグ細骨材混合率の推定方法では，スラグ細骨材の混合率と単位容積質量の間に，必ずしも線形関係が成立しないため，正確な推定は困難である．これは，スラグ細骨材と混合相手の普通細骨材の粒度が異なるため，スラグ細骨材混合率を変化させると，混合骨材の実積率が変化するためである．

また，運搬・保管中の混合率の変動は少ないことが確かめられているが，混合率の変動に留意する必要がある．

11.4 銅スラグ細骨材コンクリートの品質管理

安定した品質のコンクリートが得られるよう，コンクリート標準示方書［施工編：施工標準］に準じて，品質管理する．

【解　説】　銅スラグ細骨材コンクリートの品質管理は，通常のコンクリートと同様の品質管理を行えばよい．

さらに，銅スラグ細骨材の化学成分による環境安全品質上の品質管理が必要になる．本指針では，環境安全品質基準を満足するように銅スラグ細骨材混合率の上限を規定しているため，骨材の受け渡し時の試験成績表を確認するとともに，単位細骨材量と混合率の管理をする必要がある．

ただし，銅スラグ細骨材の環境安全品質基準値は，これを用いたコンクリートの用途によって異なる．コンクリートが港湾用途の場合は溶出基準を満足しなければならないが，一般用途の場合は溶出基準に加え含有量基準も満足しなければならない．溶出基準値も港湾用途と一般用途で異なっており，一般用途の方が厳しい基準値が設定されている．このため，銅スラグ細骨材ならびに銅スラグ混合細骨材を用いたコンクリートでは，想定しているコンクリートの用途と，実際に製造し出荷するコンクリートの用途が整合していることを確認したうえで，コンクリートの製造を行う必要がある．

コンクリートの品質管理では細骨材の表面水率の管理が重要である．しかし，銅スラグ細骨材中の微粒分が多い場合，密度あるいは吸水率を測定する際の表面乾燥飽水状態の判定が，JIS A 1109「細骨材の密度及び吸水率試験方法」に規定されているフローコーンによる方法では困難となることがある．そのような場合には，JIS A 1103「骨材の微粒分量試験方法」によって洗った銅スラグ細骨材を試料として良い．その場合には，JIS A 1110「粗骨材の密度及び吸水率試験方法」に示されている骨材粒子の表面の水膜を布でぬぐう方法を採用すると良い．なお，JSCE-C506「電気抵抗法によるコンクリート用スラグ細骨材の密度および吸水率試

方法」も適用できる．

　予め混合された銅スラグ混合細骨材においても，上述と同様な理由から，表面乾燥飽水状態の判定が困難となることがあるが，実用上，銅スラグ細骨材における方法と同様に行えばよい．

12章 検 査

12.1 総 則

銅スラグ細骨材，銅スラグ混合細骨材，ならびに銅スラグ細骨材コンクリートの受入れ検査は，2012年制定コンクリート標準示方書［施工編：検査標準］に準じて行うとともに，環境安全品質に関する検査も実施する．

【解　説】　銅スラグ細骨材および銅スラグ混合細骨材の検査は，2012年制定コンクリート標準示方書［施工編：検査標準］の3.4に準じて行えばよい．なお，銅スラグ混合細骨材の検査時期・回数については銅スラグ細骨材の検査に準じて行うことを標準とする．銅スラグ骨材製造業者は，全てJIS認証工場であるため，購入者が試験成績表による確認検査を行えば，受け入れ時の材料試験を行う必要はない．

なお，コンクリート標準示方書制定後に，銅スラグ細骨材のJIS規格改正において環境安全品質が導入された．これに伴い，銅スラグ細骨材の検査には環境安全品質に関する検査も加わることとなる．購入者は，環境安全品質に関する受入検査を行う必要がある．すなわち，銅スラグ細骨材を用いる場合には，環境安全品質が満たされていることを検査しなければならないが，銅スラグ細骨材コンクリートの用途によって，品質規格値が異なることに注意しなければならない．

JIS A 5011-3では，銅スラグ細骨材を用いたコンクリートの環境安全性を担保するものとして，環境安全形式検査と環境安全受渡検査が規定されている．

骨材製造者が行う環境安全形式検査では，骨材単体もしくは利用模擬試料を用いて化学物質8項目の検査が行われる．実際には，銅スラグ細骨材では，利用模擬試料による環境安全形式検査が行われることが多い．

解説 表12.1.1に，5製造所の銅スラグ細骨材の利用模擬試料による環境安全形式検査によって得られた鉛とひ素の含有量に関する受渡検査判定値の一例を示す．なお，この受渡検査判定値は3年以内に1回更新され，この値は，2015年度の実績値である．各製造所は，利用模擬試料による環境安全形式検査を3年以内に1回実施し，銅スラグ細骨材の各項目の含有量の受渡検査判定値をパンフレット等で公表することになっている．

解説 表12.1.1　銅スラグ細骨材の鉛とひ素の含有量の受渡検査判定値の一例

項目	製造所				
	玉野	佐賀関	小名浜	直島	東予
鉛（mg/kg）	960	974	834	660	1101
ひ素（mg/kg）	1145	794	934	1340	1319

一方，環境安全受渡検査は，納入された骨材が骨材製造者ごとに定めた基準値（受渡判定値）を満足することを購入者が試験成績表により確認する行為である．なお現状では，カドミウム，鉛およびひ素に関する受渡判定値を確認すればよい．受渡判定値は，設定された銅スラグ細骨材混合率のコンクリートにおいて上記の3つの化学物質の含有量（JIS A 5011-3に定義されている含有量）が環境安全品質を満足するように，個々の骨材製造業者が定めた含有量（JIS K 0058-2により求められる含有量）を意味する．なお，試験成績表に

記述されている含有量を確認することによって，本指針 3.2「環境安全品質」の設計時に想定した環境安全品質を満足することになる．**解説 表 12.1.2** に環境安全受渡試験成績表の一例を示す．

解説 表 12.1.2 環境安全受渡試験成績表の一例

A 生コンクリート（株） 御中

環境安全受渡試験結果

区分	試験の項目	ロット番号	項目		
			カドミウム	鉛	ひ素
溶出量 (mg/L)	環境安全受渡試験		< 0.005	< 0.005	< 0.005
	環境安全受渡検査判定値[a]		0.01	0.01	0.01
含有量 (mg/kg)	環境安全受渡試験		< 15	600	400
	環境安全受渡検査判定値[a]		150	850	900

注[a] 環境安全受渡検査判定値は，環境安全形式検査を利用模擬試料で行った場合は，**附属書 C** に準拠して定める．銅スラグ細骨材試料を用いる場合は，**表 8** の値とする．

このように，環境安全品質の検査を確実に実施するためには，銅スラグ細骨材の製造段階から，これを用いて実際にコンクリートを製造する段階に至るまで，使用条件，特にコンクリートの用途と銅スラグ細骨材混合率等の情報が適切に伝達されなければならない．とりわけ，銅スラグ細骨材製造者と，コンクリート製造者の間に，銅スラグ混合細骨材製造者が介在する場合には，材料の受け渡し回数が増加し，銅スラグ細骨材製造段階からコンクリート製造段階に至るまでのトレーサビリティーの確保に向けた配慮がより一層必要となる．このため，銅スラグ細骨材コンクリートの製造にかかわる各者が，材料の受け渡しを行うにあたって，適切に検査を実施し，その結果がコンクリートの品質検査にも引き継がれるようにしなければならない．予め混合された銅スラグ混合細骨材は，付録Ⅲ「非鉄スラグ製品の製造販売ガイドライン」に示した通り，銅スラグ細骨材を購入し，普通細骨材と予め混合し販売する業者による品質管理が行われることになっている．この管理試験結果がコンクリートの製造者に引き渡されることがトレーサビリティーの確保に重要な意味をもつ．

銅スラグ細骨材混合率が容積比 30%以下のコンクリートの検査は，普通骨材コンクリートと特に異なることはないので，2012 年制定 コンクリート標準示方書［施工編：検査標準］5 章に準じて行えばよい．なお，コンクリートの単位容積質量が要求される工事では，JIS A 1116「フレッシュコンクリートの単位容積質量試験方法及び空気量の質量による試験方法（質量方法）」等の方法によって，コンクリートの単位容積質量の検査を行えばよい．

容積比 30%を超える銅スラグ細骨材混合率のコンクリートの検査は，13 章「特別な考慮を要するコンクリート」の検査に従わなければならない．

13章　特別な考慮を要するコンクリート

13.1　総　則

（1）　銅スラグ細骨材混合率が容積比で30%を超えるコンクリートは，コンクリートに要求される品質が確保されるように，銅スラグ細骨材の種類および銅スラグ細骨材混合率を適切に定めるとともに，製造および施工を適切に行わなければならない．

（2）　銅スラグ細骨材混合率は，銅スラグ細骨材に含まれるカドミウム，鉛およびひ素の含有量およびその溶出量に関する環境安全品質面を考慮して決めなければならない．

【解　説】　（1）について　前章までに記述した通り，日本鉱業協会の保証できる環境安全品質基準の面で，銅スラグ細骨材混合率を30%以下の範囲のものを標準とするが，この混合率までは，普通コンクリートと同様に扱える．したがって，銅スラグ細骨材混合率を30%程度以下のあまり多くない範囲で使用した場合，銅スラグ細骨材の使用によるコンクリートの単位容積質量の増加は，実質的には無視できる程度のものであり，コンクリートの性状や取り扱いも普通骨材コンクリートに比べて特に大きく変わることはない．一方，銅スラグ細骨材混合率が容積比で30%を超えて使用することは，コンクリートの単位容積質量が大きくなるコンクリート自体の容積を変更させることなく自重を増大させるため有効な手段のひとつであると考えられる．銅スラグ細骨材混合率を容積比で30%を超えて使用する場合，使用する銅スラグ細骨材の粒度区分によっては，ブリーディングが大きくなる傾向があるため，そのための対策が必要である．

具体的な対策としては，減水効果の大きい高性能（AE）減水剤やモルタルの粘性を増加させる増粘剤の使用や，石灰石微粉末，フライアッシュ等の各種鉱物質微粉末を使用しコンクリートの材料分離抵抗性を向上させる方法がある．

（2）について　銅スラグ細骨材を一般用途のコンクリート構造物に適用する場合，環境安全品質面（カドミウム，鉛およびひ素の含有量基準）から，予め混合された銅スラグ混合細骨材の混合率の上限は25%であるが，全てのロットに関してカドミウム，鉛およびひ素の全含有量に基づく含有量検査を実施し，環境安全品質面に問題がないことを確認できる場合は，予め混合された銅スラグ混合細骨材の混合率の上限は25%を超えてもよい．同様に，ミキサ内で混合する通常の銅スラグ細骨材混合率の上限である30%を超えてもよい．銅スラグ細骨材30%を超えて設定した銅スラグ細骨材混合率に対して，環境安全品質面に問題がないことを確認するためには，付録Ⅱ「銅スラグ細骨材の品質　2.2.5　利用模擬試料による形式検査と受渡判定値の設定」の製造所5社（玉野，佐賀関，小名浜，直島，東予）のコンクリートの利用模擬試料による環境安全形式検査の検討例を参考にして，銅スラグ細骨材に含まれるカドミウム，鉛およびひ素の含有量およびその溶出量の環境安全形式検査を行わなければならない．また，銅スラグ混合細骨材中の銅スラグ細骨材の混合率の確認方法については，蛍光X線分析および絶乾密度による方法がある．これらの方法の詳細については，日本鉱業協会が提案した付録Ⅳ「フェロニッケルスラグ細骨材および銅スラグ細骨材混合率確認方法」を参照されたい．目標とした銅スラグ細骨材混合率に対する試験結果の許容誤差は，±3%が原則である．

一方，銅スラグ細骨材を再利用しない港湾用途のコンクリート構造物に適用する場合，含有量基準ではなく，溶出試験の結果が港湾用途における環境安全品質基準以下（カドミウム，鉛およびひ素の溶出量基準）

となることを確認すれば銅スラグ細骨材混合率の上限の規制はなく，100%まで使用してもよい．なお，港湾用途であっても再利用が予定されている場合には，一般用途として取り扱わなければならない．

13.2 単位容積質量が大きいコンクリート

13.2.1 適用の範囲

この節は，通常のコンクリートに使用する砂や砕砂の容積の30%を超えて銅スラグ細骨材で置換した，単位容積質量が大きいコンクリートの施工において，特に必要な事項についての標準を示すものである．

【解 説】 銅スラグ細骨材の絶乾密度は，3.5g/cm^{3}程度であり一般的な普通細骨材よりも大きい．銅スラグ細骨材混合率が30%程度では一般的な普通骨材コンクリートよりも100 kg/m^{3}以上大きくなることはほとんどないが，これを超える場合は，設計への考慮も必要となる．したがって，本設計・施工指針では設計への考慮が不要な銅スラグ細骨材混合率30%を標準としているが，これを超える高い混合率を採用した銅スラグ細骨材コンクリートを，単位容積質量が大きいコンクリートとした．参考として，銅スラグ細骨材を単独で使用した場合の単位容積質量は300 kg/m^{3}程度大きくなる．

消波ブロック等のように，その安定計算において浮力の影響を考慮する必要がある構造物では，銅スラグ細骨材混合率を大きくしたり，銅スラグ細骨材を単独使用することにより，コンクリートの単位容積質量を大きくすれば，所要の体積を顕著に低減することができ，有利となる．消波ブロックは，現場で型枠に打ち込む場合や，プレキャスト製品工場において製造され，工場製品として製造する場合がある．

13.2.2 単位容積質量が大きいコンクリートの品質

（1）単位容積質量が大きいコンクリートは，所要の単位容積質量，強度，耐久性，ひび割れ抵抗性等の要求性能を満足し，作業に適するワーカビリティーを持ち，品質のばらつきの少ないものでなければならない．

（2）環境安全品質は，銅スラグ細骨材コンクリートの構造物の用途に従い JIS A-5011-3 に適合しなければならない．

【解 説】 （1）について 銅スラグ細骨材コンクリートの圧縮強度は，混合率30%以下では，普通骨材コンクリートと同等である．CUS2.5を使用した場合の強度は，銅スラグ細骨材混合率を大きくしても普通コンクリートの強度に対して劣ることはなく，耐久性に関しても，一般的なコンクリートとの相違は確認されていない．また，銅スラグ細骨材を使用したコンクリートは乾燥収縮が少ない特徴があり，優れたひび割れ抵抗性を有している．一方，微粒分を多く含まないCUS5-0.3の場合は，混合する細骨材，粗骨材等の材料や配合によって，強度や耐久性に影響があるので試験によって確認する必要がある．

（2）について 銅スラグ細骨材混合率を大きくした場合，環境安全品質の観点から，循環資材としての一般用途でなく港湾用途としての利用に限定されると思われる．これは，銅スラグ細骨材の出荷から，コンクリート構造物の施工，コンクリート製品の製造時及び利用時までのみならず，その利用が終了し，解体後の再利用時又は最終処分時も含めたライフサイクルの合理的に想定しうる範囲において，銅スラグ細骨材から影響を受ける土壌，地下水，海水等の環境媒体が，各々の環境基準等を満足する必要があるためである．

港湾用途とは，海水と接する港湾の施設又はそれに関係する施設で半永久的使用され，解体・再利用されることのない用途であり，消波ブロック，岸壁，防波堤，護岸，堤防，突堤等が該当する．ただし，港湾に使用する場合であっても再利用を予定する場合は，一般用途として取り扱わなければならない．

13.2.3 材　　料
単位容積質量が大きいコンクリートの材料は，コンクリート標準示方書［施工編：施工標準］3章に従うものとする．

【解　説】　使用する銅スラグ細骨材の粒度区分によっては，銅スラグ細骨材混合率を大きくするとブリーディングが多くなる傾向があるが，この対策として，減水効果の大きい混和剤やブリーディングを減少させる効果のある石灰石微粉末やフライアッシュ等の混和材を選定し使用することは重要である．これらの組み合わせには十分に注意し，品質を確認して使用することが重要である．

13.2.4 配合設計
単位容積質量が大きいコンクリートの配合は，コンクリート標準示方書［施工編：施工標準］4章に従うものとする．

【解　説】　銅スラグ細骨材を大量に混合したコンクリートの力学特性はブリーディング量が$0.50cm^3/cm^2$以下であれば普通コンクリートと同等以上であるが，$0.50cm^3/cm^2$以上の過剰なブリーディングを生じるコンクリートは強度低下等が生じる点に留意が必要である．銅スラグ細骨材混合率が大きいコンクリートはブリーディングが生じやすい傾向にあるので，コンクリートのスランプをできるだけ小さな値に設定することが重要である．銅スラグ細骨材の粒度分布で特に微粒分量が多い場合，ブリーディングが抑制される．CUS5-0.3と比較して微粒分量が多いCUS2.5の場合は，混合率が50～60%程度でも普通骨材コンクリートと大差なく使用できる．一方，微粒分を多く含まないCUS5-0.3を使用し混合率を大きくする場合，石灰石微粉末，炭酸カルシウムの微粒分や，フライアッシュ等を用いることでブリーディングを抑制し，高性能AE減水剤を用いることで単位水量を低減することにより，高い混合率にすることが可能であると報告されている．この様に，配合計画時に骨材の粒度分布や混和材等について十分な検討を行うことで，単位容積質量の大きい銅スラグ細骨材コンクリートの品質が確保できる．

13.2.5 製　　造
単位容積質量が大きいコンクリートの製造は，コンクリート標準示方書［施工編：施工標準］5章に従うものとする．

【解　説】　銅スラグ細骨材を単独で使用する場合および銅スラグ細骨材混合率が大きい場合には，コンクリートの単位容積質量が，普通コンクリートよりも最大で$300 kg/m^3$程度大きくなるので，銅スラグ細骨材混合率が大きい場合には，普通骨材コンクリートの場合に比較して，ミキサに対する負荷が増大する．したがって，設備の電力供給能力に注意を要する．

13.2.6 施 工

単位容積質量が大きいコンクリートの施工は，コンクリート標準示方書［施工編：施工標準］7 章および 8 章に従うものとする．

【解 説】 銅スラグ細骨材は絶乾密度が3.5g/cm^{3}程度で一般的な普通細骨材よりも大きく，銅スラグ細骨材を使用したコンクリートは単位容積質量が大きいため，コンクリート打設時に型枠が受ける側圧は普通骨材コンクリートより大きくなる．従って，型枠設計については，側圧について考慮する必要がある．

CUS2.5を単独使用したコンクリートのポンプを用いた圧送試験では，圧送前後のフレッシュ性状は普通骨材コンクリートにおける変化と同等であり，さらに，適切な配合となっていれば，打込み高さ方向における材料分離は認められていない．従って，CUS2.5を単独使用した単位容積質量の大きいコンクリートの圧送および打込みは，普通骨材コンクリートと同様の取り扱いが可能である．ただし，圧送負荷の算定においては，単位容積質量の増加を考慮する必要がある．一方，CUS5-0.3を高い混合率で使用した場合は，材料分離抵抗性を向上させる方法等の対策が必要となる．

コンクリートの流動性は，混合率が増加するとともに普通骨材コンクリートよりも低下するという実験結果が報告されている．従って，材料分離抵抗性は，普通骨材コンクリートよりも優れているが，バイブレータの使用時間の設定にあたっては，骨材の分離がブリーディングの発生を誘発させる可能性があり，注意を払う必要がある．

運搬においては，銅スラグ細骨材を使用したコンクリートの単位容積質量が大きいことから，アジテータ車の最大積載量に留意する必要がある．

付録

付 録

目 次

付録 I　銅スラグ細骨材に関する技術資料 ··· 73
  1. 銅スラグ細骨材の品質 ·· 73
    1.1 銅スラグ細骨材の製法と特徴 ··· 73
    1.2 銅スラグ細骨材の化学成分と鉱物組成および環境安全品質 ··· 74
      1.2.1 銅精鉱の化学成分 ·· 74
      1.2.2 銅スラグ細骨材の化学成分と塩化物量 ·· 74
      1.2.3 銅スラグ細骨材の鉱物組成 ··· 75
      1.2.4 銅スラグ細骨材の環境安全品質 ··· 75
      1.2.5 利用模擬試料による形式検査と受け渡し判定値の設定 ··· 77
      1.2.6 銅スラグ細骨材の環境安全品質と受け渡し判定値 ··· 78
    1.3 銅スラグ細骨材および銅スラグ細骨材混合細骨材 ··· 80
      1.3.1 銅スラグ細骨材の物理的品質 ·· 80
      1.3.2 銅スラグ細骨材の粒度および混合後の粒度 ··· 80
    1.4 銅スラグのアルカリシリカ反応性 ··· 82
  2. 銅スラグ細骨材を用いたコンクリートの性質 ·· 84
    2.1 フレッシュコンクリートの性質 ·· 84
      2.1.1 単位水量とスランプ ··· 84
      2.1.2 空気量 ·· 84
      2.1.3 ブリーディング ··· 85
      2.1.4 銅スラグ細骨材の0.15mmふるい通過量とフレッシュコンクリートの性状 ············ 89
      2.1.5 凝結性状 ··· 90
      2.1.6 単位容積質量 ·· 91
      2.1.7 タンピング試験及び加振ボックス充填試験での流動性 ··· 91
      2.1.8 粗骨材の分離性状 ·· 93
    2.2 硬化コンクリートの性質 ·· 94
      2.2.1 圧縮強度 ··· 94
      2.2.2 非破壊検査による圧縮強度の推定 ··· 99
      2.2.3 ヤング係数 ··· 99
      2.2.4 その他の強度 ·· 99
      2.2.5 ポアソン比 ··· 102
      2.2.6 クリープ ··· 102
      2.2.7 乾燥収縮 ··· 103
      2.2.8 熱特性 ·· 105
      2.2.9 凍結融解抵抗性 ··· 106
      2.2.10 中性化 ·· 110
      2.2.11 水密性 ·· 112
      2.2.12 遮塩性 ·· 112
      2.2.13 細孔量 ·· 113

- 2.2.14 色調 ··· 114
- 2.3 銅スラグ細骨材を用いたコンクリート（高流動コンクリートを含む）の長期屋外暴露試験 ·· 115
  - 2.3.1 使用材料および配合 ·· 115
  - 2.3.2 製造および打込み方法 ··· 116
  - 2.3.3 フレッシュコンクリートの性状 ··· 117
  - 2.3.4 硬化コンクリートの性状 ·· 117
  - 2.3.5 中性化 ·· 117
- 2.4 海洋大気中での長期暴露試験 ··· 118
  - 2.4.1 暴露供試体の概要 ·· 118
  - 2.4.2 ひび割れの発生状況 ·· 119
  - 2.4.3 圧縮強度 ·· 119
  - 2.4.4 中性化深さ ·· 120
  - 2.4.5 遮塩性 ·· 120
- 2.5 銅スラグ細骨材を用いた軽量（骨材）コンクリート ··· 121
  - 2.5.1 使用材料 ·· 121
  - 2.5.2 コンクリートの配合 ·· 121
  - 2.5.3 フレッシュコンクリートの性状 ··· 121
  - 2.5.4 硬化コンクリートの性状 ·· 122
- 3. 運搬・施工時における銅スラグ細骨材を用いたコンクリートの品質変化試験 ················ 124
  - 3.1 生コンクリートの運搬にともなうコンクリートの品質変化 ·································· 124
  - 3.2 ポンプ圧送にともなうコンクリートの品質変化 ·· 126
  - 3.3 銅スラグ細骨材を用いたコンクリートのポンプ圧送性 ······································· 129
    - 3.3.1 試験概要 ·· 129
    - 3.3.2 管内圧力 ·· 131
    - 3.3.3 圧送前後の品質変化 ·· 131
- 4. 銅スラグ細骨材の使用実績 ··· 134
  - 4.1 概　要 ·· 134
  - 4.2 銅スラグ細骨材を用いたコンクリートの施工実績 ·· 134
  - 4.3 長期暴露試験体による耐久性調査 ·· 134
- 5. 消波用コンクリートブロックの容積計算例 ··· 137

付録Ⅱ　非鉄スラグ製品の製造・販売管理ガイドライン ··· 139

付録Ⅲ　フェロニッケルスラグ細骨材および銅スラグ細骨材混合率確認方法 ························ 149

付録Ⅳ　銅スラグ細骨材に関する文献リスト ·· 156

付録 I

銅スラグ細骨材に関する技術資料

1. 銅スラグ細骨材の品質

1.1 銅スラグ細骨材の製法と特徴

　銅スラグは，連続製銅炉，反射炉または自溶炉によって，原料銅精鉱等より銅を製造する際に生成された溶融スラグを，水冷却により水砕物（グラニュー状）とする方法で生産されている．この状態では水砕されたスラグ粒相互の軽い表面固着などがあるので，固着を剥離するためのふるい分けまたは破砕などによる粒度調整加工を行ってコンクリート用細骨材として製造されている．

　銅スラグ細骨材（以下，CUSと略記）は，絶乾比重が3.5程度と大きくガラス質であるなどの特徴を有しており，コンクリート用細骨材として単独で用いた場合，コンクリートの単位容積質量およびブリーディングが大きくなるなどの傾向を示す．したがって，一般的な使用にあたっては他の細骨材と混合して使用する場合が多くなるものと考えられる．銅スラグ細骨材の種類は，他のコンクリート用細骨材と同様にJIS規格で5 mm，2.5 mm，1.2 mmおよび5～0.3 mmの4種類の粒度に区分され，混合する細骨材の粒度に応じて選択することができる．また，ブリーディング対策として，微粒分量を増加させることも有効である．

　また，銅スラグ細骨材は工業製品であるためコンクリートの品質に悪影響を及ぼす有害物質（たとえば，ごみ，泥，有機不純物など）が含まれていない．加えて，溶融スラグの水砕工程において海水は用いていないため，海水由来の塩化物の付着はない．**表**1.1および**図**1.1に銅スラグ細骨材の製法および製造工程の概要，また**写真**1.1に各銅スラグ細骨材の外観を示す．

表1.1　銅スラグ細骨材の製法の概要[68]

銘柄	種類	粒度区分	製法	製造所
A	連続製銅炉水砕砂	CUS2.5 CUS5-0.3	連続製銅法による製錬時に発生する溶融状態のスラグを水（循環式）で急冷し，粒度調整したもの	三菱マテリアル㈱ 直島製錬所 香川県香川郡直島町
B	反射炉水砕砂	CUS2.5 CUS5-0.3	反射炉法による銅製錬時に発生する溶融状態のスラグを水（循環式）で急冷し，粒度調整したもの	小名浜製錬㈱ 小名浜製錬所 福島県いわき市小名浜
C	自溶炉水砕砂	CUS5-0.3	自溶炉法による銅製錬時に発生する溶融状態のスラグを水（循環式）で急冷し，粒度調整したもの	パンパシフィック・カッパー㈱ 佐賀関製錬所 大分県北海部郡佐賀関町
E	自溶炉水砕砂	CUS5-0.3	自溶炉法による銅製錬時に発生する溶融状態のスラグを水（循環式）で急冷し，粒度調整したもの	日比共同製錬㈱ 玉野製錬所 岡山県玉野市日比
F	自溶炉水砕砂	CUS2.5	自溶炉法による銅製錬時に発生する溶融状態のスラグを水（循環式）で急冷し，粒度調整したもの	住友金属鉱山㈱ 金属事業本部東予工場 愛媛県西条市船屋

※D：DOWAメタルマイン㈱小坂製錬所は，現在銅スラグ製造を休止しており，欠番とした．

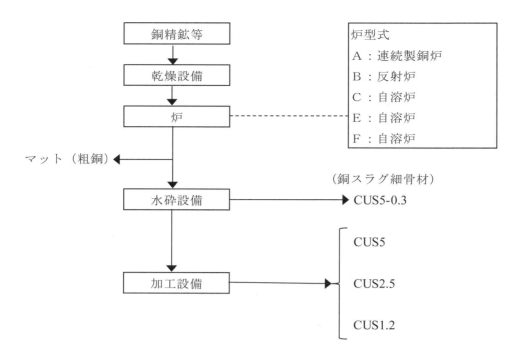

図 1.1　銅スラグ細骨材の製造工程

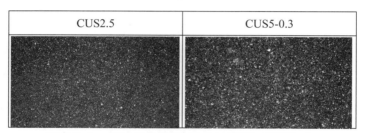

写真 1.1　銅スラグ細骨材の外観例（銘柄 B）

1.2　銅スラグ細骨材の化学成分と鉱物組成および環境安全品質

1.2.1　銅精鉱の化学成分

　銅スラグ細骨材の製造に用いられている原料精鉱は，主として銅鉱石とけい酸鉱（SiO_2）である．銅精鉱の化学成分は表 1.2 に示すとおりであり，各製錬所の製錬操業の条件に応じて精鉱は調合されるので，原料の化学成分は非常に安定している．

表 1.2　銅精鉱の化学成分 [68]

成　分	Cu	Fe	SiO_2	S
含有率（%）	19.8～32.7	22.0～23.6	7.0～14.9	26.0～29.8

注）含有率は，5 製錬所における平均値の範囲を示す．

1.2.2　銅スラグ細骨材の化学成分と塩化物量

　銅スラグ細骨材の主要な化学成分は，表 1.3 に示すように全鉄（FeO）が 41～53%，二酸化けい素（SiO_2）が 31～41% の値を示し，この両者で大半を占めている．

表 1.3 銅スラグ細骨材の化学成分と塩化物量　　　（2014 年 1 月～12 月）

製造所名	試験値	JIS 規格化学成分（%）				化学成分（参考）（%）		JIS
		酸化カルシウム (CaO)	全硫黄 (S)	三酸化硫黄 (SO_3)	全鉄 (FeO)	二酸化けい素 (SiO_2)	銅 (Cu)	塩化物量 (NaClとして)（%）
製造所 A (直島製錬所)	平均値	5.83	0.54	0.12	46.27	36.57	0.69	＜0.002
	最大値	7.10	0.73	0.50	48.00	41.10	0.74	＜0.002
	最小値	4.67	0.42	0.01	44.95	33.68	0.62	＜0.002
	標準偏差	0.69	0.07	0.11	0.79	1.71	0.03	－
製造所 B (小名浜製錬所)	平均値	4.15	0.57	0.17	42.95	33.81	0.85	＜0.001
	最大値	5.40	0.72	0.20	46.00	36.60	0.98	＜0.001
	最小値	3.10	0.43	0.10	41.00	31.60	0.72	＜0.001
	標準偏差	0.77	0.10	0.05	1.89	0.97	0.08	－
製造所 C (佐賀関製錬所)	平均値	2.02	1.1	0.58	51.0	35.2	0.9	＜0.01
	最大値	2.7	1.3	0.69	53.1	38.1	1.25	＜0.01
	最小値	1.56	0.9	0.46	48.8	32.8	0.70	＜0.01
	標準偏差	0.26	0.13	0.05	0.9	1.02	0.11	－
製造所 E (玉野製錬所)	平均値	3.29	1.1	0.35	48.8	36.1	1.07	＜0.01
	最大値	3.5	1.4	0.52	50.6	37.8	1.70	＜0.01
	最小値	3.0	0.9	0.22	46.7	34.4	0.72	＜0.01
	標準偏差	0.17	0.18	0.09	1.47	1.11	0.36	－
製造所 F (東予工場)	平均値	1.53	0.34	＜0.05	48.3	34.9	0.87	＜0.001
	最大値	2.90	0.85	＜0.05	50.3	36.0	1.06	＜0.001
	最小値	1.12	0.11	＜0.05	43.6	32.9	0.74	＜0.001
	標準偏差	0.39	0.11	－	0.88	0.82	0.09	－
基準	JIS	≦12.0	≦2.0	≦0.5	≦70.0			≦0.03

1.2.3 銅スラグ細骨材の鉱物組成

銅スラグ細骨材の鉱物組成は，顕微鏡観察，X線回折および示差熱分析の結果から，その大部分がガラス質のファイアライト（$2FeO \cdot SiO_2$）と判定されており，鉄分の結晶鉱石としてはマグネタイト（Fe_3O_4），ヘマタイト（Fe_2O_3）およびけい酸鉱物が存在している．硫黄分は，輝銅鉱（Cu_2S）や斑銅鉱（Cu_5FeS_4）の鉱物として存在するが，その量は少ない．これらの鉄分および硫黄分をはじめとする諸成分は，ガラス質のスラグ中に安定した状態で存在しており，外部への溶出やセメントペーストとの反応は認められていない．なお，原料精鉱には塩化物はほとんど含まれていない．

1.2.4 銅スラグ細骨材の環境安全品質

銅スラグ細骨材からは表 1.4 に示すように化学物質の溶出は認められず，一般用途基準，港湾用途基準および土壌環境基準を満足している．しかしながら，表 1.5 に示すようにひ素と鉛の含有量は一般用途基準および土壌基準を超過している．そのため，港湾用途での単独使用は問題ないが，一般用途では混合使用による利用模擬試料で評価したうえで使用することが必要である．

表1.4 銅スラグ細骨材の化学物質の溶出量 （2014年1月～12月）

製造所名	骨材呼び名	化学成分(mg/L)							
		カドミウム	鉛	六価クロム	ひ素	水銀	セレン	ほう素	ふっ素
製造所A (直島製錬所)	平均値	0.001	<0.005	<0.02	<0.005	<0.0005	<0.005	<0.1	<0.1
	最大値	0.002	<0.005	<0.02	<0.005	<0.0005	<0.005	<0.1	<0.1
	最小値	<0.001	<0.005	<0.02	<0.005	<0.0005	<0.005	<0.1	<0.1
	標準偏差	0.001	—	—	—	—	—	—	—
製造所B (小名浜製錬所)	平均値	0.002	<0.005	<0.01	0.005	<0.2	<0.005	<0.01	0.2
	最大値	0.003	<0.005	<0.01	0.006	<0.2	<0.005	<0.01	0.4
	最小値	<0.001	<0.005	<0.01	<0.005	<0.2	<0.005	<0.01	0.1
	標準偏差	0.001	—	—	—	—	—	—	0.1
製造所C (佐賀関製錬所)	平均値	0.005	0.005	<0.01	0.006	<0.005	<0.05	<0.4	<0.5
	最大値	0.005	0.007	<0.01	0.009	<0.005	<0.05	<0.4	<0.5
	最小値	<0.005	<0.005	<0.01	<0.005	<0.005	<0.05	<0.4	<0.5
	標準偏差	—	0.0004	—	0.001	—	—	—	—
製造所E (玉野製錬所)	平均値	0.006	<0.005	<0.01	0.005	<0.005	<0.05	<0.4	<0.5
	最大値	0.009	<0.005	<0.01	0.009	<0.005	<0.05	<0.4	<0.5
	最小値	<0.005	<0.005	<0.01	<0.005	<0.005	<0.05	<0.4	<0.5
	標準偏差	0.001	—	—	0.001	—	—	—	—
製造所F (東予工場)	平均値	<0.01	<0.01	<0.05	<0.01	<0.0005	<0.01	<1	<0.8
	最大値	<0.01	<0.01	<0.05	<0.01	<0.0005	<0.01	<1	<0.8
	最小値	<0.01	<0.01	<0.05	<0.01	<0.0005	<0.01	<1	<0.8
	標準偏差	—	—	—	—	—	—	—	—
基準		≦0.01	≦0.01	≦0.05	≦0.01	≦0.0005	≦0.01	≦1	≦0.8

表1.5 銅スラグ細骨材の化学物質の含有量 （2014年1月～12月）

製造所名	骨材呼び名	化学成分(mg/L)							
		カドミウム	鉛	六価クロム	ひ素	水銀	セレン	ほう素	ふっ素
製造所A (直島製錬所)	平均値	<34	333	<25	309	<1	<34	<168	<400
	最大値	<34	392	<25	377	<1	<34	<168	<400
	最小値	<34	233	<25	217	<1	<34	<168	<400
	標準偏差	—	60	—	53	—	—	—	—
製造所B (小名浜製錬所)	平均値	<15	514	<25	249	<1	<34	<400	<400
	最大値	<15	689	<25	414	<1	<34	<400	<400
	最小値	<15	418	<25	72	<1	<34	<400	<400
	標準偏差	—	95	—	118	—	—	—	—
製造所C (佐賀関製錬所)	平均値	14	310	<1	314	<1	<1	<400	<400
	最大値	21	490	<1	800	<1	<1	<400	<400
	最小値	<10	120	<1	120	<1	<1	<400	<400
	標準偏差	—	84	—	127	—	—	—	—
製造所E (玉野製錬所)	平均値	11	214	<1	398	<1	<1	<400	<400
	最大値	18	370	<1	580	<1	<1	<400	<400
	最小値	8	160	<1	250	<1	<1	<400	<400
	標準偏差	—	45	—	87	—	—	—	—
製造所F (東予工場)	平均値	18	620	<25	596	<1.5	<15	<400	<400
	最大値	21	740	<25	760	<1.5	<15	<400	<400
	最小値	15	500	<25	350	<1.5	<15	<400	<400
	標準偏差	2	97	—	175	—	—	—	—
基準		≦150	≦150	≦250	≦150	≦15	≦150	≦4000	≦4000

1.2.5 利用模擬試料による形式検査と受け渡し判定値の設定

銅スラグ細骨材の混合率30%における、利用模擬試料による形式検査結果を図1.2～11に示す．それに基づく，受け渡し判定値の一例を表1.6に示す．

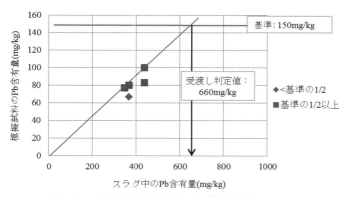

図1.2 直島製錬所銅スラグ細骨材の
鉛の形式検査結果

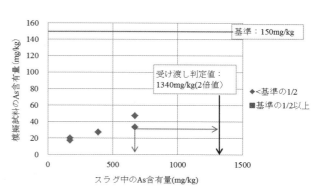

図1.3 直島製錬所銅スラグ細骨材の
ひ素の形式検査結果

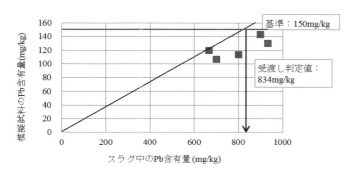

図1.4 小名浜製錬所銅スラグ細骨材の
鉛の形式検査結果

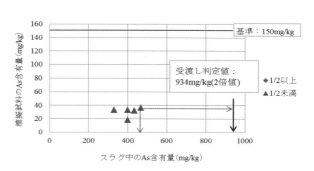

図1.5 小名浜製錬所銅スラグ細骨材の
ひ素の形式検査結果

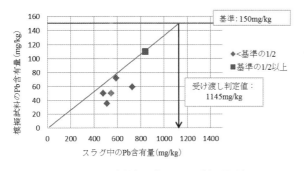

図1.6 玉野製錬所銅スラグ細骨材の
鉛の形式検査結果

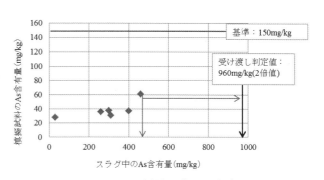

図1.7 玉野製錬所銅スラグ細骨材の
ひ素の形式検査結果

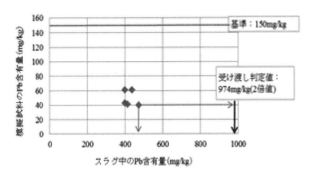

図1.8　佐賀関製錬所銅スラグ細骨材の
鉛の形式検査結果

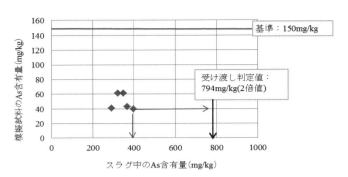

図1.9　佐賀関製錬所銅スラグ細骨材の
ひ素の形式検査結果

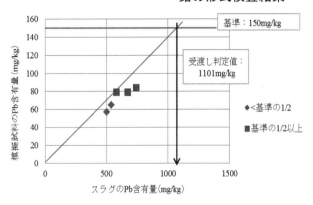

図1.10　東予製錬所銅スラグ細骨材の
鉛の形式検査結果

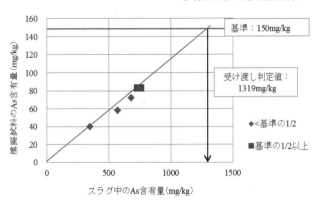

図1.11　東予製錬所銅スラグ細骨材の
ひ素の形式検査結果

表1.6　受け渡し判定値の一例　(mg/kg)

成　分	製造所A (直島製錬所)	製造所B (小名浜製錬所)	製造所C (玉野製錬所)	製造所E (佐賀関製錬所)	製造所F (東予工場)
鉛	660	834	960	974	1101
ひ素	1340	934	1145	794	1319

1.2.6　銅スラグ細骨材の環境安全品質と受け渡し判定値

銅スラグ細骨材の環境安全品質と受け渡し判定値を図1.12～21に示す。すべての銅スラグ細骨材製造所のコンクリート用銅スラグ細骨材は銅スラグ混合率30%で問題ない品質となっている。

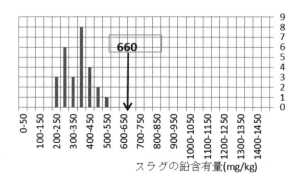

図1.12　直島銅スラグ細骨材の
鉛含有量と受渡し判定値

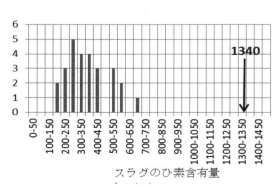

図1.13　直島銅スラグ細骨材の
ひ素含有量と受渡し判定値

付録I 銅スラグ細骨材に関する技術資料

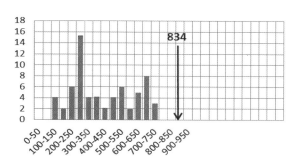

図1.14 小名浜銅スラグ細骨材の鉛含有量と
受渡し判定値

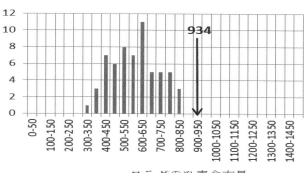

図1.15 小名浜銅スラグ細骨材のひ素含有と
受渡し判定値

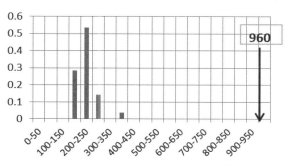

図1.16 玉野銅スラグ細骨材の鉛含有量と
受渡し判定値

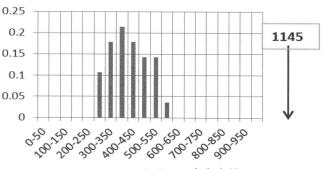

図1.17 玉野銅スラグ細骨材のひ素含有量と
受渡し判定値

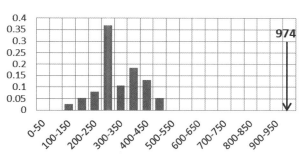

図1.18 佐賀関銅スラグ細骨材の鉛含有量と
受渡し判定値

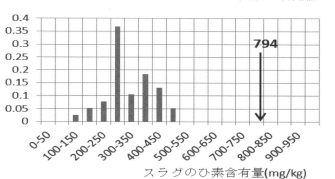

図1.19 佐賀関銅スラグ細骨材のひ素含有量と
受渡し判定値

図1.20 東予銅スラグ細骨材の鉛含有量と
受渡し判定値

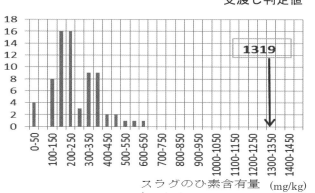

図1.21 東予銅スラグ細骨材のひ素含有量と
受渡し判定値

1.3 銅スラグ細骨材および銅スラグ細骨材混合細骨材
1.3.1 銅スラグ細骨材の物理的品質

2014年1月～12月に製造された6種類の銅スラグ細骨材の物理試験結果を表1.7に示す．表1.7のいずれの品質項目もJIS A 5011-3の規格値を満足している．

表1.7 銅スラグ細骨材の物質的性質 （2014年1月～12月）

製造所名	骨材呼び名	試験値	絶乾密度 (g/cm³)	吸水率 (%)	単位容積質量 (kg/L)	実積率 (%)	粗粒率	0.15mm ふるい通過率 (%)	0.075mm ふるい通過率 (%)
製造所A (直島製錬所)	CUS 2.5	平均値	3.48	0.18	2.20	63.3	2.52	10.4	4.3
		最大値	3.50	0.30	2.22	64.0	2.69	12.5	4.8
		最小値	3.47	0.13	2.19	62.6	2.38	9.5	3.7
		標準偏差	0.01	0.06	0.01	0.51	0.10	1.04	0.43
	CUS 5-0.3	平均値	3.48	0.40	1.92	55.1	3.35	1.3	0.5
		最大値	3.54	0.73	1.98	56.8	3.49	2.3	0.7
		最小値	3.42	0.24	1.87	53.9	3.13	0.3	0.4
		標準偏差	0.03	0.13	0.03	0.81	0.09	0.62	0.10
製造所B (小名浜製錬所)	CUS 2.5	平均値	3.48	0.33	2.28	65.4	2.33	12.3	5.5
		最大値	3.49	0.47	2.30	66.3	2.43	14.0	6.2
		最小値	3.47	0.20	2.25	64.5	2.22	10.2	4.5
		標準偏差	0.01	0.10	0.02	0.59	0.07	1.48	0.66
	CUS 5-0.3	平均値	3.50	0.43	1.96	56.0	3.32	0.9	0.4
		最大値	3.52	0.56	2.04	58.0	3.45	1.2	0.5
		最小値	3.48	0.34	1.92	55.0	3.21	0.4	0.2
		標準偏差	0.01	0.07	0.03	0.72	0.07	0.27	0.11
製造所C (佐賀関製錬所)	CUS 5-0.3	平均値	3.56	0.16	1.99	56.0	3.78	0.9	0.3
		最大値	3.57	0.28	2.02	56.6	3.91	1.2	0.4
		最小値	3.55	0.02	1.94	54.9	3.66	0.8	0.3
		標準偏差	0.01	0.12	0.04	0.82	0.11	0.19	0.05
製造所E (玉野製錬所)	CUS 5-0.3	平均値	3.47	0.19	1.98	57.0	3.33	2.0	0.9
		最大値	3.49	0.32	2.06	59.5	3.37	2.7	1.3
		最小値	3.46	0.02	1.84	53.2	3.28	1.4	0.5
		標準偏差	0.02	0.15	0.10	2.77	0.04	0.61	0.37
製造所F (東予工場)	CUS 2.5	平均値	3.48	0.67	2.21	63.6	2.70	6.7	3.3
		最大値	3.50	0.95	2.26	64.9	2.80	8.0	3.9
		最小値	3.46	0.33	2.13	61.7	2.50	6.0	2.1
		標準偏差	0.01	0.11	0.02	0.56	0.07	0.69	0.21

1.3.2 銅スラグ細骨材の粒度および混合後の粒度

5銘柄7種類の銅スラグ細骨材の粒度分布を表1.8に示す．いずれもJIS A 5011-3の規格を満足している．

銅スラグ細骨材は，他の細骨材（砕砂や砂）と混合して使用するのが一般的である．この場合の銅スラグ細骨材と他の細骨材の混合割合（以下，CUS混合率と略記）の算定には，各骨材の絶対容積による比率を用いる必要がある．これは，質量比率を用いると，両骨材の密度差に起因して，粒度分布や粗粒率を正しく求められないからである．

たとえば，表乾密度 γ_n=2.55g/cm³，粗粒率 FM_n=3.77 の一般の細骨材（砂または砕砂）と表乾密度 γ_s=3.50 g/cm³，粗粒率 FM_s=1.73 の銅スラグ細骨材とを用いて，目標粗粒率 FM_n=2.75 の混合細骨材を得る場合の計算は以下の通りである．

容積による混合率(m)は式(1.1)により50.0%となり，これを質量による混合率(n)に換算すると式(1.2)

により57.9%となる．すなわち，約8%の差を生じることになる．

$$m = \frac{FM_m - FM_n}{FM_s - FM_n} \times 100 = \frac{2.75 - 3.77}{1.73 - 3.77} \times 100 = 50.0\% \quad \cdots\cdots\cdots (1.1)$$

$$n = \frac{100m(1 + p_s/100)\gamma_s}{(100 - m)(1 + p_n/100)\gamma_n + m(1 + p_s/100)\gamma_s} = 57.9\% \quad \cdots\cdots\cdots (1.2)$$

(ただし，一般の細骨材および銅スラグ細骨材の表面水率 p_n および p_s は0%として計算)

銅スラグ細骨材を混合した細骨材の粒度分布を検討する場合にも，それぞれの骨材粒子の構成を絶対容積による分布で表示するのがよい．表1.9の粗粒率の計算例では，銅スラグ混合細骨材の絶対容積による粗粒率は2.75であるのに対し，質量による粗粒率は2.59となり0.16小さく評価されることになる．

なお，骨材粒子の構成についてはそれぞれの骨材の絶対容積による分布で判断・表示すべきであることに対し，環境安全品質上確認すべき化学物質の含有量の評価については，最終形態であるコンクリートの配合上での質量比率にて判断することになるので注意が必要である．

表1.8 銅スラグ細骨材の粒度分布

粒度分布	銘柄	粗粒率の範囲	ふるいの呼び寸法（mm）					
			ふるいを通るものの質量百分率(%)					
			5	2.5	1.2	0.6	0.3	0.15
CUS 2.5	A	2.61	100	99	73	38	19	10
	B	2.43 - 2.22	100	100 – 99	87 - 84	50 - 43	27 - 21	14 - 10
	F	2.80 - 2.56	100	100 – 99	84 - 72	37 - 30	16 - 12	8 - 6
	ふるい通過率範囲		100	100 – 99	87 - 72	50 - 30	27 - 12	14 - 6
	JIS規格値		100 - 95	100 – 85	95 - 60	70 - 30	45 - 10	20 - 5
CUS 5-0.3	A	3.53 - 3.12	100	99 – 94	62 - 44	19 - 8	6 - 1	2 - 0
	B	3.46 - 3.21	100	95 – 89	59 - 50	14 - 12	3	1 - 0
	C	3.91 - 3.66	100 - 98	82 – 72	39 - 27	11 - 7	3 - 2	1
	E	3.37 - 3.28	100	97 – 94	53 - 50	15 - 13	5 - 4	2 - 1
	ふるい通過率範囲		100 - 98	99 - 72	62 - 27	19 - 7	6 - 1	2 - 0.3
	JIS規格値		100 - 95	100 - 45	70 - 10	40 - 0	15 - 0	10 - 0

注）A製錬所のCUS 2.5のデータは代表値（JIS取得が2015年11月のため）

表1.9 銅スラグ混合細骨材の容積および質量による粒度分布の比較例

ふるいの呼び寸法 (mm)	単独細骨材の残留百分率の試験結果(%)		銅スラグ混合率50%の混合細骨材の容積百分率による粒度分布計算結果 (%)	同左の質量百分率による粒度分布計算結果 (%)
	普通	銅スラグ細骨材		
10	0.0	0.0	(0×0.5) + (0×0.5) = 0.00	0.00
5	5.0	0.0	(5.0×0.5) + (0×0.5) = 2.50	2.11
2.5	33.0	0.0	(33.0×0.5) + (0×0.5) = 16.50	13.91
1.2	67.0	1.5	(67.0×0.5) + (1.5×0.5) = 34.25	29.11
0.6	82.0	33.0	(82.0×0.5) + (33.0×0.5) = 57.50	53.65
0.3	93.0	58.0	(93.0×0.5) + (58.0×0.5) = 75.50	72.75
0.15	97.0	80.5	(97.0×0.5) + (80.5×0.5) = 88.75	87.45
F. M.	3.77	1.73	2.75	2.59

1) 質量百分率による算定例（1.2mm ふるいの場合）

$$\frac{\{67.0\times(1-0.5)\times2.55\}+1.5\times0.5\times3.50}{\{100\times0.5\times2.55\}+\{100\times(1-0.5)\times3.50\}}100=29.11$$

1.4 銅スラグ細骨材のアルカリシリカ反応性

銅スラグ細骨材のアルカリシリカ反応性は，JIS A 1145「骨材のアルカリシリカ反応試験方法（化学法）」又は JIS A 1146「骨材のアルカリシリカ反応試験方法（モルタルバー法）で評価する．化学法の結果を表1.10に，モルタルバー法の結果を図1.22に示す．化学法では，溶解シリカ量(Sc)およびアルカリ濃度減少量(Rc)は，ともに40mmol/l以下の低い値を示し，反応性の判定が困難な領域となる．しかし，図1.22にあるとおりモルタルバー法では全ての銅スラグ細骨材において無害となっており，判定値である 0.1% を大きく下回る 0.025% 以下の低い膨張率を示している．

表1.10 化学法によるアルカリシリカ反応試験結果[47]

銘 柄	分析結果 （mmol/l）		判 定
	Sc	Rc	
A	9	15	無 害
B	31	20	無害でない
C	36	18	無害でない
E	25	13	無害でない
F	33	19	無害でない

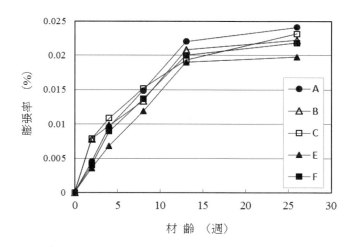

図1.22 モルタルバー法によるアルカリシリカ反応試験結果 [47]

2．銅スラグ細骨材を用いたコンクリートの性質

2.1 フレッシュコンクリートの性質

2.1.1 単位水量とスランプ

CUS2.5を用いたコンクリートの所要スランプを得るために必要な単位水量は，**図2.1**に示すように良質な川砂に対し細骨材としてCUS2.5を50%混合で使用した場合では，川砂を単独で用いた場合と同程度となる．

また，**図2.2**に示すように同一の単位水量におけるCUS2.5を用いたコンクリートのスランプは，CUS2.5を単独（CUS2.5混合率100%）で使用した場合，細骨材に良質な川砂を用いたコンクリートに比較して小さくなるが，川砂とCUS2.5を混合率70%以下で使用する場合のスランプは，川砂を単独で用いたコンクリートと同程度であることがわかる．混合率が高くなるとスランプが小さくなる傾向があるが，材料分離が生じやすくなる点に注意が必要である．

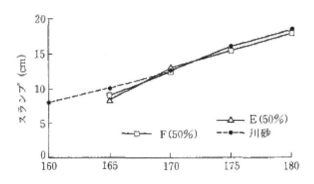

図2.1 単位水量とスランプの関係（CUS2.5混合率50%）[21]

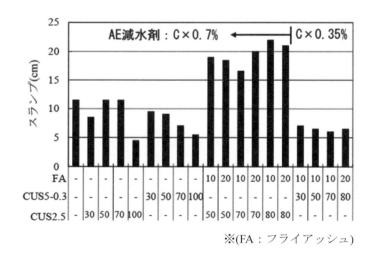

図2.2 銅スラグ細骨材混合率とスランプの関係 [109]

2.1.2 空気量

プレーン（non-AE）コンクリートの空気量と5%の空気量を得るために必要な空気量調整剤使用量の関係を**図2.3**に示す．5%の空気量を得るために必要な空気量調整剤使用量は銅スラグ細骨材の銘柄および銅スラグ細骨材混合率によって異なるが，川砂（大井川産，F.M.2.75）を単独で用いた場合に比較して減少する傾

向にある．すなわち，銅スラグ細骨材の使用にともないエントラップエアが増加する傾向にあることがわかる．特に，銅スラグ細骨材混合率を100%とした場合には，川砂を単独で用いた場合に比較して，エントラップエアが最大で2%程度増加する場合もある．なお，実際に用いた銅スラグ細骨材はいずれの銘柄においてもCUS2.5を用いた結果である．

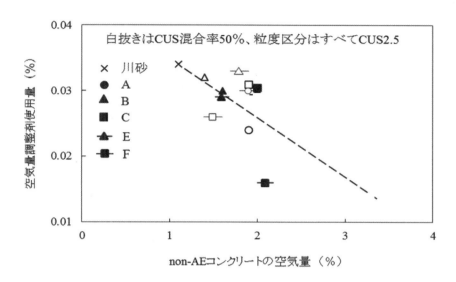

図2.3 空気量5%を得るために必要な空気量調整剤使用量とnon-AEコンクリートの空気量の関係[35]

2.1.3 ブリーディング

銅スラグ細骨材を用いたコンクリートのブリーディングは，図2.4～2.8に示すように川砂を用いた場合に比較して増加する傾向にある．特に，銅スラグ細骨材を単独使用（銅スラグ細骨材混合率100%）した場合には川砂を単独で用いた場合に比較して，ブリーディング率は2倍以上となることもあり，ブリーディングの終了時間も60分以上遅延することもある．図2.7は砕砂をCUS2.5に置換した場合であるが，こちらも銅スラグ細骨材を混合することによりブリーディング量は増加する傾向が見られる．しかし，極端に多くなるわけではなく，終結時間は混合率0%と同程度の値を示している．

ブリーディングの発生を抑制する方法として，銅スラグ細骨材混合率を小さくすることのほか，微粒分量の多い銅スラグ細骨材を用いる，混和剤（高性能AE減水剤など）を用いて単位水量を減じるなどの方法がある．図2.9～2.11は，これらの方法によるブリーディング抑制効果を示したものである．これらの図では，前述した適切な対策を施すことによってブリーディングの発生を川砂（天然砂）を用いたコンクリートと同程度に抑制できることが示されている．なお，銅スラグ細骨材の微粒分量とブリーディングの関係については2.1.4に記述する．

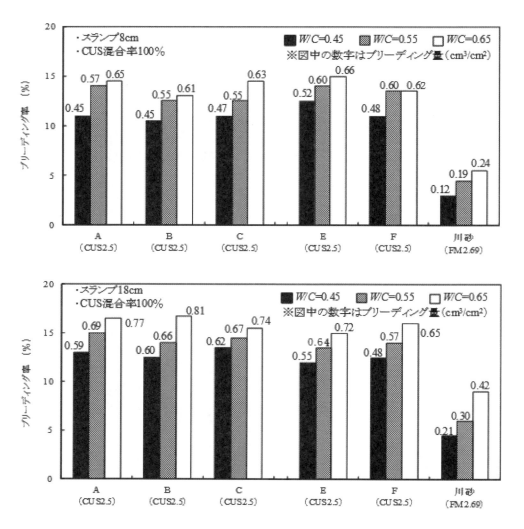

図2.4 銅スラグ細骨材を単独使用（CUS混合率100%）した場合のブリーディング率[26]

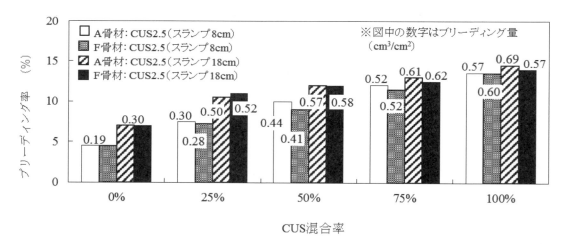

図2.5 銅スラグ細骨材混合率とブリーディング率の関係（W/C＝55%）[26]

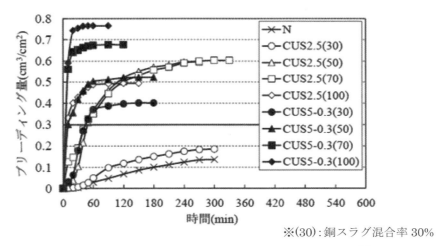

※(30)：銅スラグ混合率30%

図2.6 ブリーディング量と経過時間の関係（W/C＝55%）[109]

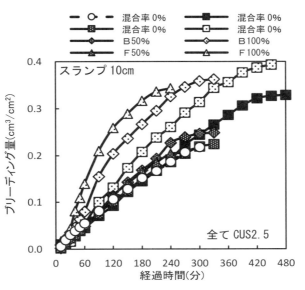

図2.7 ブリーディング量と経過時間の関係（W/C＝47%）[114]

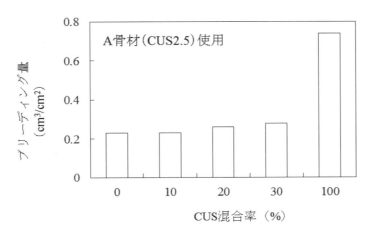

図2.8 銅スラグ細骨材混合率の低い場合におけるブリーディング性状[75]

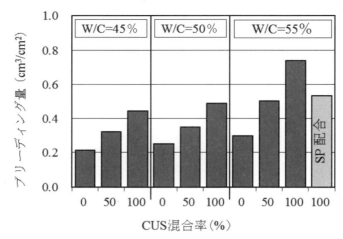

図 2.9 水セメント比あるいは AE 減水剤とブリーディング量の関係 [112]

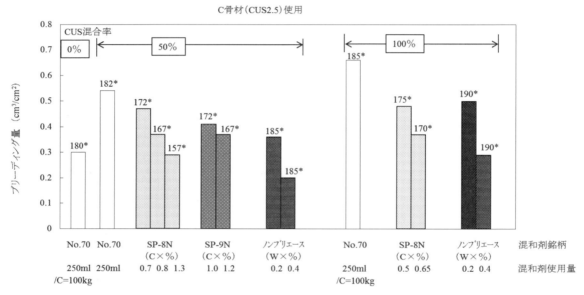

図 2.10 各種混和剤を用いた場合のブリーディング低減効果 [22]

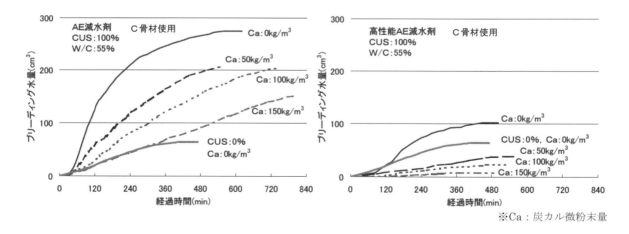

図 2.11 高性能 AE 減水剤を用いた場合のブリーディング低減効果 [92]

2.1.4 銅スラグ細骨材の 0.15mm ふるい通過量とフレッシュコンクリートの性状

図2.12は，CUS2.5 の 0.15 mm ふるいを通過する量がスランプ，空気量およびブリーディング性状に及ぼす影響について示したものである．

0.15mm 通過量が 20% 以下の範囲であれば，配合条件（銅スラグ細骨材混合率およびスランプなど）の相違に関わらず 0.15mm 通過量が増加してもスランプに大きな変化は見られない．しかし，CUS2.5 混合率100%のスランプ 8 cm のコンクリートで 0.15mm 通過量を 30%まで増加させた場合には，スランプが低下している．

スランプ 8 cm，CUS2.5 混合率 100% のコンクリートの空気量は，微粒分量の増加にともない若干減少する傾向にある．一方，スランプ 18 cm，CUS2.5 混合率 30%のコンクリートでは，0.15mm 通過量が 7%～15%の範囲では，スランプおよび空気量に大きな変化はみられない．

ブリーディング量と 0.15mm 通過量の関係では，銅スラグ細骨材の 0.15mm 通過量が増加するにともない，ブリーディングの発生が抑制されていることが示されている（図2.12および図2.13参照）．

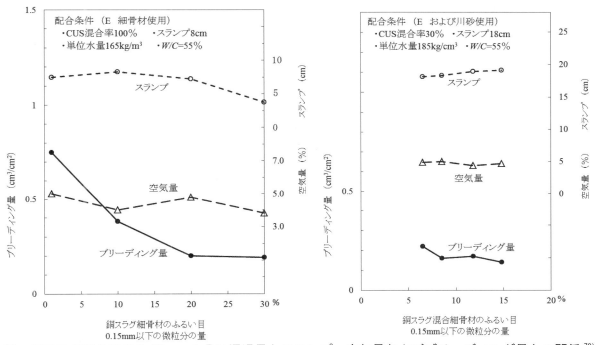

図2.12　銅スラグ細骨材の 0.15 mm ふるい通過量とスランプ，空気量およびブリーディング量との関係[70) 77)]

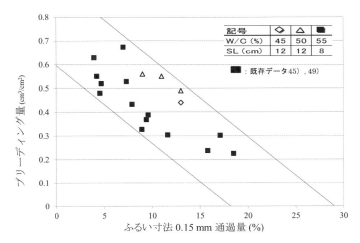

図2.13　銅スラグ細骨材の 0.15 mm ふるい通過量とブリーディング量の関係[45), 49)]

2.1.5 凝結性状

銅スラグ細骨材を用いたコンクリートの凝結時間は，これを用いないコンクリートに比較して遅延する傾向にある．水セメント比を45，50，55%としたコンクリートの凝結試験結果を図2.14に示す．

CUS2.5を単独使用（CUS2.5混合率100%）した場合には，天然砂を用いたコンクリートよりも終結時間で5時間程度遅延している．一方，天然砂に対しCUS2.5を50%混合（CUS2.5混合率50%）で使用した場合には，天然砂を用いた場合と同程度であることが示されている．なお，CUS2.5単独使用（CUS2.5混合率100%）においても，高性能AE減水剤を使用するなどの対応で天然砂を用いた場合と同等の凝結時間となることもある．

図2.15に示す水セメント比を55%とした銅スラグ細骨材混合率の低い場合の凝結試験結果では，CUS2.5混合率が30%以下の範囲であれば，銅スラグ細骨材を用いた場合の凝結時間は，川砂を用いた場合と同程度であることが示されている．

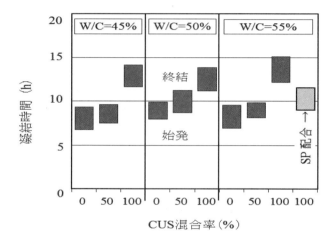

図2.14 銅スラグ細骨材を用いたコンクリートの凝結性状 [112]

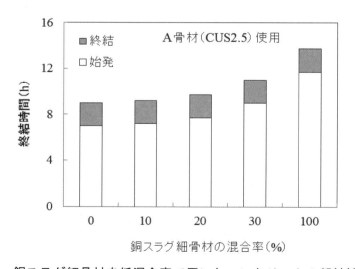

図2.15 銅スラグ細骨材を低混合率で用いたコンクリートの凝結性状 [75]

2.1.6 単位容積質量

銅スラグ細骨材混合率とフレッシュコンクリートの単位容積質量（計算値）との関係を**図2.16**に示す．水セメント比を55％としCUS2.5を単独使用（CUS2.5混合率100％）した場合，フレッシュコンクリートの単位容積質量は約2,530 kg/m³となり，CUS混合率を0％とした場合に比較して，1 m³当たり約250～350 kg質量が増加する．また，この図より，コンクリートの単位容積質量を2,300 kg/m³とするためには，使用材料の表乾密度によっても異なるが，CUS2.5混合率をおおむね20～40％以下にする必要があることがわかる．

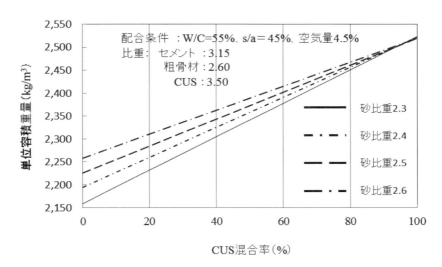

図2.16 銅スラグ細骨材混合率とフレッシュコンクリートの単位容積質量の関係[71]

2.1.7 タンピング試験および加振ボックス充填試験での流動性

施工性能の検討として，鉄筋間の間隔通過性や振動条件下での変形性についてタンピング試験および加振ボックス充填試験結果が報告されている[114]．この試験に使用したコンクリートの配合を**表2.1**に示す．タンピング試験結果について**図2.17**および**図2.18**に示す．ここでは，木製棒（質量1.2kg）の落下（高さ50cm）回数1回当たりのスランプ増加量をスランプ変形係数，木製棒の落下回数1回当たりのスランプフロー増加量をスランプ変形係数と定義している．

表2.1 コンクリートの配合[114]

配合名	CUS種類	CUS混合率(%)	W/C(%)	s/a(%)	単位量 (kg/m³)					混和剤			スランプ(cm)	空気量(%)	コンクリート密度(g/cm³)
					W	C	S		G		SP剤	AE減水剤	AE剤			
							N	CUS	G1	G2	C×%					
N（砕砂）	—	0	47	45.5	165	350	810	—	390	584	—	0.514		10	5.0	2.38
CUS50a	B	50	47	46	165	350	409	542	386	579	—	0.450		10	5.0	2.54
CUS100a	B	100	47	48	165	350	—	1131	372	557	—	0.450	0.002	10	6.0	2.66
CUS50b	E	50	47	46	165	350	409	540	386	579	0.20	0.400		10	6.0	2.52
CUS100b	E	100	47	47	165	350	—	1104	379	568	0.25	0.40		10	6.0	2.66

銅スラグ細骨材を混合したコンクリートのスランプ変形係数，スランプフロー変形係数は，砕砂に比べて，銅スラグ細骨材の銘柄および混合率にかかわらず小さくなることが示されている．

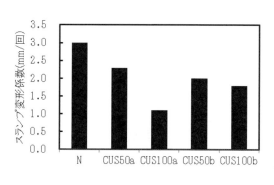

図2.17　スランプ変形係数 [114]

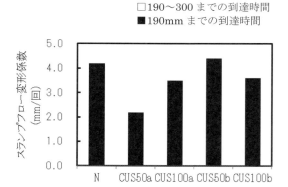

図2.18　スランプフロー変形係数 [114]

図2.19にスランプ変形係数とスランプフロー変形係数の関係を示す．銅スラグ細骨材の銘柄および混合率に関わらず，スランプ変形係数の増加量に対して，スランプフロー変形係数の増加量が大きくなることが示されている．

この論文では，この原因として，コンクリートの密度が大きいことで，コンクリートの自重によりフローが広がりやすくなったことを挙げている．

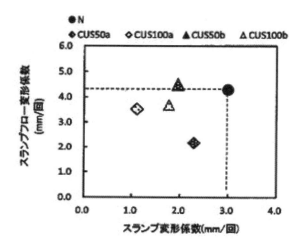

図2.19　スランプフロー変形係数とスランプ変形係数 [114]

加振ボックス充填試験結果を**図2.20**，**図2.21**に示す．充填装置は高流動コンクリート充填評価に用いられるものである．

図2.20に間隙通過速度を，**図2.21**に充填高さ190mmおよび190〜300mmまでの到達時間を示す．銅スラグ細骨材を使用したコンクリートの間隙通過速度は，混合率が大きくなるに従い遅くなる傾向が得られている．充填高さ190mmまでの到達時間は銅スラグ細骨材混合率に関わらず砕砂と大差ないが，190〜300mmまでの到達時間は銅スラグ細骨材混合率100%で長くなることが示されている．この論文では，この要因として，コンクリートの密度が大きくなること，銅スラグ細骨材の粒形が角張っていることで銅スラグ細骨材自体のせん断抵抗性が大きくなったことを挙げている．

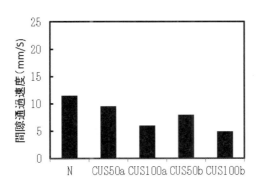

図2.20 間隙通過速度[114]

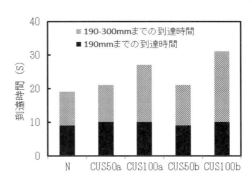

図2.21 充填高さ190mmおよび190～300mm迄の到達時間[114]

2.1.8 粗骨材の分離性状

中性化試験[87]に用いた銅スラグ細骨材コンクリートの大型暴露試験体の高さ方向別のコア試料表面の粗骨材面積率の分布を**図2.22.a**に示す．細骨材の種類によって各測定試料の粗骨材面積率の分布性状は異なっているが，水セメント比を55%とした場合のいずれのコンクリート（A-100%，F-100%，川砂単独）も打込み作業にともなうコンクリート中の粗骨材分離性状に，大きな差は認められていない．なお，これらの試験結果は，コンクリートは高さ60 cmの型枠内に一気に打ち込み，バイブレータによる締固め後の硬化コンクリートの高さ別における粗骨材面積率を測定したものである．

また，施工性試験[23]に際し作製した大型暴露試験体の調査結果を**図2.22.b**に示す．図から明らかなように，水セメント比を55%とした場合のC-100%，C-50%および砂単独使用（C-0%）のコンクリートの打込み高さ2mの場合にも，細骨材の差に基づく粗骨材分離性状に大きな差は認められない．

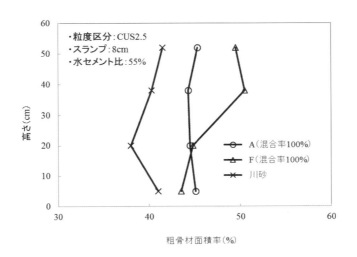

図2.22.a 打込み面からの距離と粗骨材面積率との関係[87]

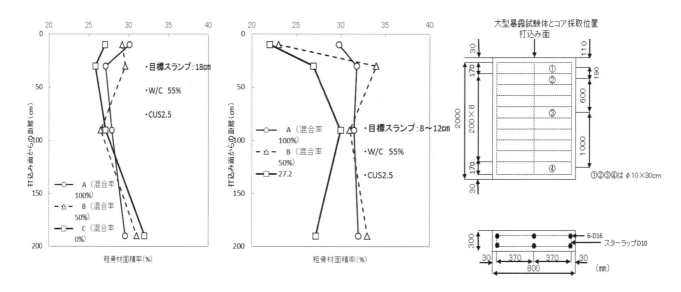

図 2.22.b 打込み面からの距離と粗骨材面積率との関係 [34]

2.2 硬化コンクリートの性質

2.2.1 圧縮強度

銅スラグ細骨材を用いたコンクリートのセメント水比と圧縮強度の関係を図 2.23, 図 2.24 に示す. 銅スラグ細骨材の銘柄,材齢に関わらず,いずれの場合もセメント水比と圧縮強度の関係は一般のコンクリートと同様に直線回帰式で示すことができる.

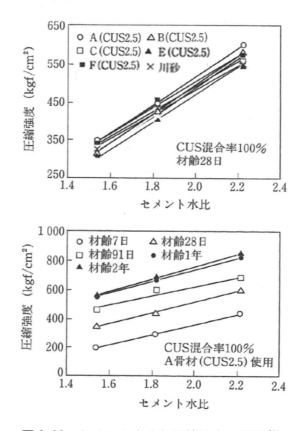

図 2.23 セメント水比と圧縮強度の関係 [21]

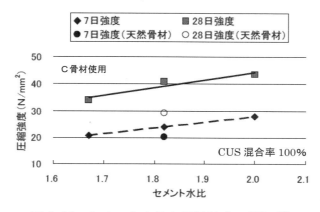

図 2.24　セメント水比と圧縮強度の関係 [95]

　銅スラグ細骨材の微粒分量と圧縮強度の関係を図 2.25 に示す．銅スラグ細骨材中の微粒分量の増加は，ブリーディング抑制の観点だけでなく，圧縮強度の観点からも有効であることがわかる．

　図 2.26 には銅スラグ細骨材を用いたコンクリートの圧縮強度と材齢の関係を，図 2.27～2.32 には銅スラグ細骨材混合率と圧縮強度の関係を示す．図 2.30 の凡例の LS は混和材に石灰石微粉末を使用し、FA は石灰石微粉末を使用した．また、銅スラグ細骨材以外の骨材ため図 2.32 の凡例は、記載をしていない．銅スラグ細骨材を用いたコンクリートの圧縮強度は，混合率 0%の場合と比較して大きな値を示す場合，同程度の場合，小さな値を示す場合と使用する銅スラグ細骨材以外の細骨材，粗骨材等によって異なる傾向を示しているが，最新の報告（図 2.32）では細骨材の置換のみで比較した場合，混合率 0%に対し同程度かまたはそれ以上であることがわかる．

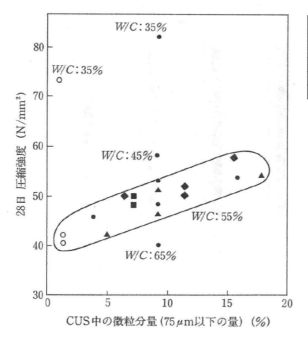

図 2.25　銅スラグ細骨材の微粒分量と材齢 28 日の圧縮強度の関係 [49], [64]

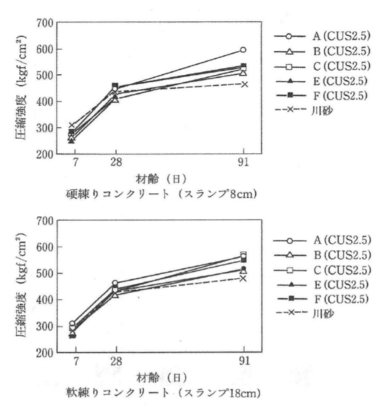

図 2.26 銅スラグ細骨材の銘柄と圧縮強度の関係（銅スラグ細骨材混合率 100%，W/C=55%）[45]

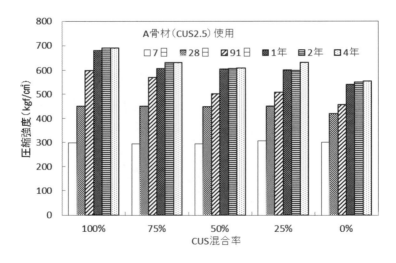

図 2.27 銅スラグ細骨材混合率と圧縮強度の関係（W/C=55%）[21]

付録Ⅰ　銅スラグ細骨材に関する技術資料

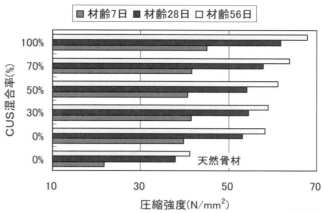

粗骨材：電気炉酸化スラグ

図 2.28　銅スラグ細骨材混合率と圧縮強度の関係（W/C＝50%）[97]

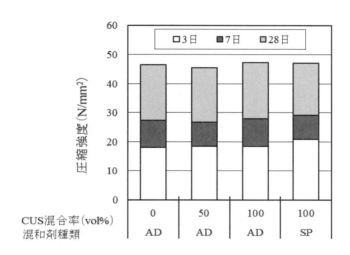

図 2.29　銅スラグ細骨材混合率と圧縮強度の関係（W/C＝50%）[102]

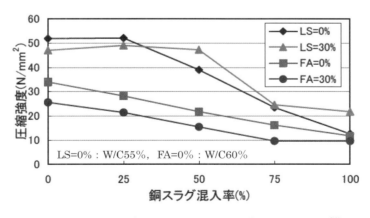

図 2.30　銅スラグ細骨材混合率と圧縮強度の関係[94]

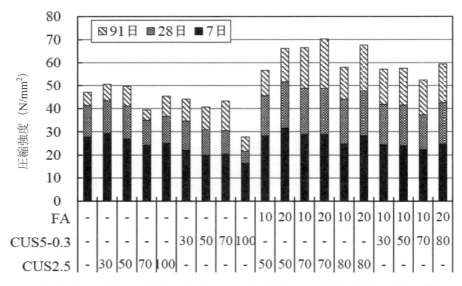

図2.31 銅スラグ細骨材混合率と圧縮強度の関係（W/C＝55%）[109]

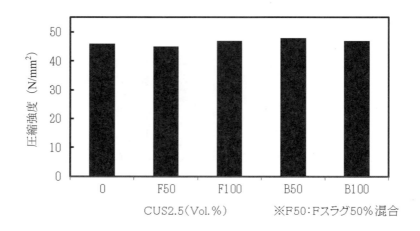

図2.32 銅スラグ細骨材混合率と圧縮強度の関係（W/C＝47%）[113]

2.2.2 非破壊検査による圧縮強度の推定

大型暴露試験体から採取したコア供試体の圧縮強度と複合非破壊試験法（反発度法と超音波伝搬速度法の組合せ）によって推定した圧縮強度の比較を図2.33に示す．この図では，銅スラグ細骨材を用いたコンクリートにおいても，一般のコンクリートと同様に，非破壊試験で圧縮強度を推定することが可能であることが示されている．なお，図中の推定圧縮強度は日本建築学会式によるものである．

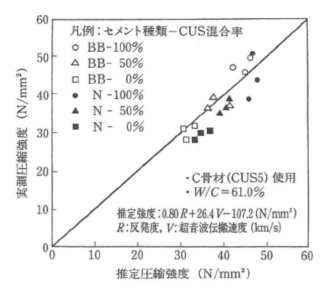

図2.33　複合非破壊試験方法による圧縮強度の推定 [82]

2.2.3 ヤング係数

銅スラグ細骨材を用いたコンクリートのヤング係数は，図2.34および図2.35に示すように，同一圧縮強度で比較した場合，川砂を用いたコンクリートのヤング係数に比較して，2割程度大きくなる傾向にある．また，図中に示したACI実験式と比較した場合でも，ヤング係数は，同等あるいはそれ以上の値となっている．ただし，強度が大きくなるに従い$\gamma=2.3$の場合のACI実験式に漸近した値となっている．

長期材齢における圧縮強度とヤング係数の関係を図2.36および図2.37に示す．この図においても両者の関係は前述とほぼ同様である．

銅スラグ細骨材の混合率と静弾性係数の関係を図2.38に示す．図によると，静弾性係数は銅スラグ細骨材を置換した全配合にて混合率0%を上回り，置換率の増加に伴い大きな値を示していることがわかる．この結果は，上記ヤング係数の結果を裏打ちしていると言える．

2.2.4 その他の強度

水セメント比55%の銅スラグ細骨材を用いたコンクリートの引張強度，曲げ強度および鉄筋との付着強度の特性は，以下の通りである．

銅スラグ細骨材を用いたコンクリートの引張強度は，図2.39に示すように圧縮強度の1/10から1/15の範囲にあり，川砂を用いたコンクリートと同様の傾向を示す．

銅スラグ細骨材を用いたコンクリートの曲げ強度は，図2.40に示すように圧縮強度の1/5から1/8の範囲にあり，川砂を用いたコンクリートと同様の傾向を示す．

銅スラグ細骨材を用いたコンクリートの鉄筋との付着強度は，図2.41に示すように，銅スラグ細骨材の種

類（銘柄）によって多少異なるが，川砂を用いたコンクリートと同程度となっている．また，**図 2.42** に示すように，鉄筋の配置方向と付着強度との関係は，川砂を用いたコンクリートと同様の傾向にある．

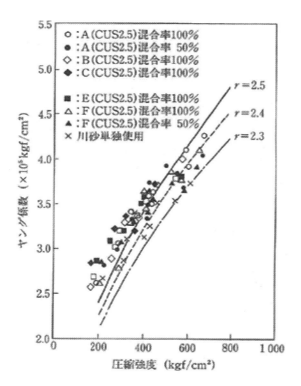

図 2.34 圧縮強度とヤング係数の関係[21]

（材齢 7,28,91 日，スランプ 8cm，W/C45～65%）

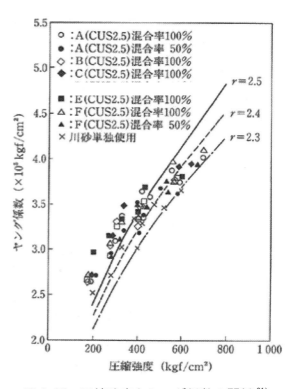

図 2.35 圧縮強度とヤング係数の関係[21]

（材齢 7,28,91 日，スランプ 18cm，W/C45～65%）

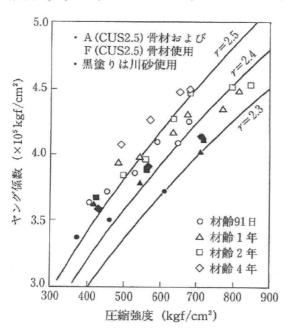

図 2.36 長期材齢における圧縮強度とヤング係数の関係[21]

（銅スラグ細骨材混合率 100%，スランプ 8cm，W/C45,55,65%）

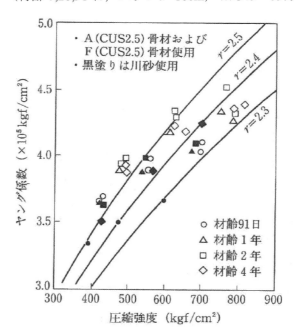

図 2.37 長期材齢における圧縮強度とヤング係数の関係[21]

（銅スラグ細骨材混合率 100%，スランプ 18cm，W/C45,55,65%）

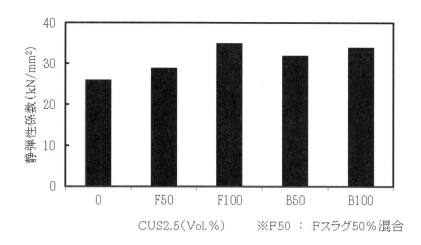

図 2.38　CUS 混合率と静弾性係数の関係（材齢 28 日，W/C＝47%）[113]

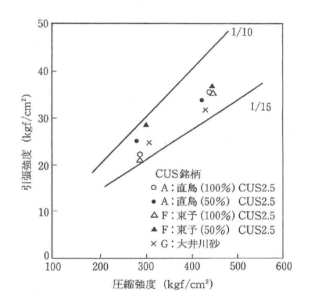

図 2.39　圧縮強度と引張強度の関係（W/C＝55%，材齢 7, 28 日）[21]

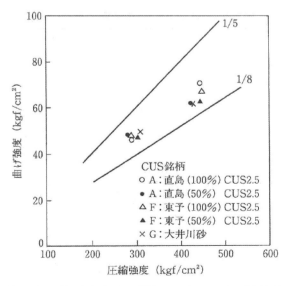

図 2.40　圧縮強度と曲げ強度との関係（W/C＝55%，材齢 7, 28 日）[21]

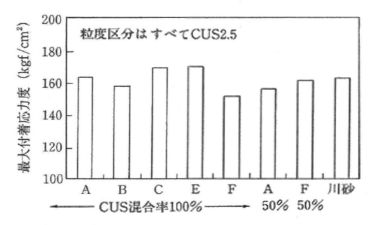

図 2.41　銅スラグ細骨材の銘柄と付着強度との関係（W/C＝55%）[21]

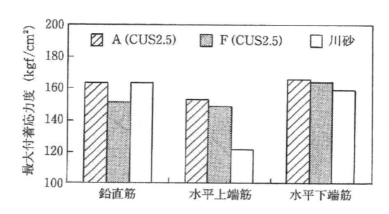

図 2.42　鉄筋の配置方向と付着強度との関係（CUS 混合率 100%，W/C＝55%）[21]

2.2.5　ポアソン比

銅スラグ細骨材を用いたコンクリートのポアソン比は，表 2.2 に示すように，川砂を用いたコンクリートのポアソン比と比べて大差はない．

表 2.2　銅スラグ細骨材を用いたコンクリートの圧縮強度，ヤング係数およびポアソン比

細骨材種類	スランプ (cm)	W/C (%)	圧縮強度 (N/mm^2)		ヤング係数 (×kN/mm^2)		ポアソン比	
			7日	28日	7日	28日	7日	28日
CUS 2.5（F）	15.0	55	27.5	43.7	29.9	33.2	0.219	0.194
川　砂	14.0	55	27.9	41.9	25.0	30.2	0.187	0.186

2.2.6　クリープ

銅スラグ細骨材を用いたコンクリートのクリープ係数は，図 2.43 に示すように，川砂を用いた場合に比較して，やや小さくなる傾向にある．なお，この試験における応力導入の材齢は 28 日である．

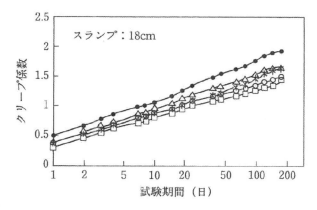

図2.43　銅スラグ細骨材を用いたコンクリートのクリープ係数（W/C＝55%）[36]

2.2.7　乾燥収縮

銅スラグ細骨材を用いたコンクリートの長さ変化率は，**図2.44～図2.47**に示すように，銅スラグ細骨材混合率にかかわらず同程度または，銅スラグ細骨材混合率の増加にともない若干小さくなる傾向を示す．混合する相手の細骨材の種類により長さ変化率への影響は異なり，銅スラグ細骨材混合率100%で砕砂に比べて50%程度小さくなることもある（**図2.46，図2.47**）．

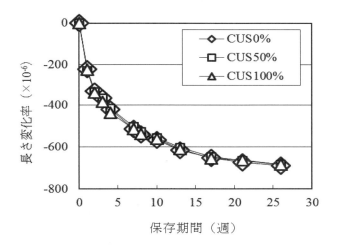

図2.44　銅スラグ細骨材を用いたコンクリートの乾燥収縮（W/C＝50%）[115]

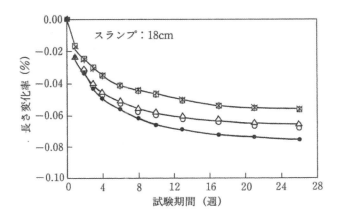

図2.45　銅スラグ細骨材を用いたコンクリートの乾燥収縮（W/C＝55%）[36]

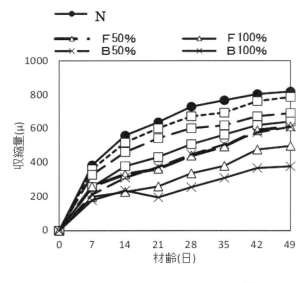

図 2.46 乾燥日数と収縮の関係 [113]

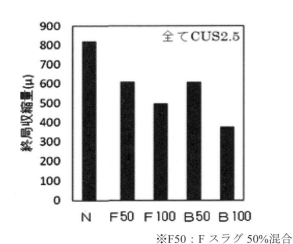

※F50：Fスラグ 50%混合

図 2.47 終局収縮量（角柱） [113]

図 2.48 に示す外径 390mm，高さ 120mm，コンクリート部分の厚さ 45mm のリング供試体におけるひび割れは，表 2.3 に示すように，銅スラグ細骨材混合率 100%で発生しないことが報告されている．図 2.49 に示すリング試験によるそのひび割れは，銅スラグ細骨材を置換することで小さくなることが示されている．

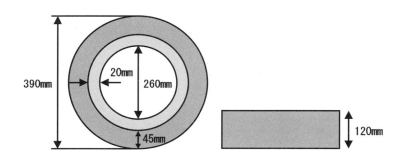

図 2.48 リング供試体 [113]

表 2.3 ひび割れ発生本数および発生日 [113]

ひび割れ	N	CUS2.5(B) 50%	CUS2.5(B) 100%
本　数	1	1	0
発生日	8	8	―

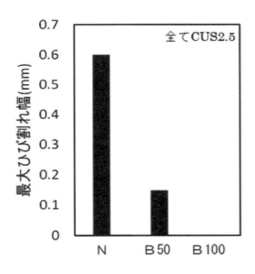

図2.49 銅スラグ細骨材混合とひび割れ幅の関係（リング供試体）[113]

2.2.8 熱特性

銅スラグ細骨材の比熱の測定結果を**表2.4**に示す．また，銅スラグ細骨材を用いたコンクリートの比熱，熱膨張係数および熱伝導率の測定結果を**表2.5**に示す．

銅スラグ細骨材の比熱は，川砂に比較して，常温で約85%，200℃で約77% 小さい値を示している．また，銅スラグ細骨材を用いたコンクリートの比熱は，一般のコンクリートに比較して，若干小さくなる傾向にある．熱膨張係数は，おおむね，$8\sim10\times10^{-6}/℃$の範囲にあり，一般のコンクリートと同程度と考えることができる．また，熱伝導率は，銅スラグ細骨材混合率の増加にともない，わずかに小さくなる傾向にあるが，川砂を単独で用いた場合に比較して大差はない．

銅スラグ細骨材を用いたコンクリートの断熱温度上昇試験結果を**図2.50**に示す．温度上昇速度は，川砂を用いたコンクリートよりわずかに小さいが，終局断熱温度上昇量は同程度である．

表2.4 銅スラグ細骨材の比熱（測定法：断熱型連続法）[59]

(kcal/kg/℃)

温度 (℃)	銅スラグ細骨材の銘柄					大井川産 川砂	青梅産硬質 砂岩砕石
	A (CUS2.5)	B (CUS2.5)	C (CUS2.5)	E (CUS2.5)	F (CUS2.5)		
20	0.154	0.147	0.147	0.145	0146	0.175	0.181
40	0.161	0.153	0.154	0.153	0.154	0.188	0.192
60	0.168	0.159	0.160	0.160	0.161	0.200	0.202
80	0.173	0.164	0.165	0.166	0.168	0.212	0.210
100	0.177	0.169	0.169	0.171	0.174	0.222	0.217
120	0.182	0.173	0.174	0.175	0.179	0.228	0.224
140	0.184	0.176	0.176	0.178	0.181	0.232	0.228
160	0.185	0.179	0.179	0.182	0.183	0.235	0.233
180	0.186	0.181	0.181	0.184	0.185	0.239	0.238
200	0.188	0.183	0.183	0.186	0.187	0.241	0.242
220	0.189	0.185	0.184	0.188	0.189	0.243	0.246
240	0.190	0.186	0.186	0.189	0.190	0.246	0.250
260	0.191	0.187	0.187	0.191	0.191	0.247	0.252
280	0.192	0.188	0.188	0.192	0.192	0.248	0.256
300	0.192	0.189	0.188	0.193	0.192	0.250	0.258

表 2.5 銅スラグ細骨材を用いたモルタルおよびコンクリートの熱特性 [48]

供試体の種類	銅スラグ細骨材 種類・銘柄	混合率	比熱 kcal/kg・℃	熱伝導率 kcal/m・n・℃	線膨張係数
モルタル	川 砂	0%	0.246	-	13.3
	A (CUS 2.5)	50%	0.223	-	12.3
		100%	0.218	-	9.4
	F (CUS 2.5)	50%	0.224	-	11.0
		100%	0.215	-	10.3
コンクリート	川 砂	0%	0.245	1.22〜1.23	10.6
	A (CUS 2.5)	50%	0.219	1.33〜1.35	8.3
		100%	0.216	1.02〜1.04	8.2
	F (CUS 2.5)	50%	0.248	1.29〜1.30	8.9
		100%	0.205	0.95〜0.98	10.0

【使用材料】 セメント：普通ポルトランドセメント，川砂：大井川産
粗骨材：青梅産硬質砂岩砕石 2005

【配合条件】 水セメント比：50%，単位水量：170kg/m³，スランプ：18±1.0cm，
空気量：4.0±1.0%

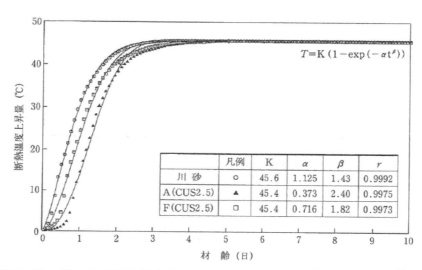

図 2.50 銅スラグ細骨材を用いたコンクリートの断熱温度上昇量 [38]

（単位セメント量 300kg/m³，コンクリート練上がり温度 20±1℃，銅スラグ細骨材混合率 100%）

2.2.9 凍結融解抵抗性

銅スラグ細骨材を用いたコンクリートのブリーディング量と耐久性指数の関係を図 2.51 に示す．この結果では，ブリーディング量が大きくなるに従い，コンクリートの耐凍害性が低下することが示されている．良好な耐凍害性（耐久性指数 60 以上）を得るためには，水セメント比および空気量によっても異なるが，ブリーディングの発生をおおむね 0.6cm³/cm² 以下に抑制する必要があると考えられる．

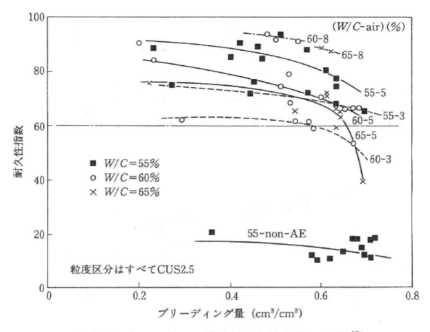

図 2.51 ブリーディング量と耐久性指数の関係 [35]

気泡間隔係数と耐久性指数の関係を図 2.52 に示す．両者の関係は一般のコンクリートとほぼ同様であり，銅スラグ細骨材を用いたコンクリートであっても，気泡間隔係数が 250μm 以下であれば，良好な耐凍害性を得られることが示されている．銅スラグ細骨材の粗粒率とコンクリートの AE 剤添加率の関係を図 2.53 に示す．この結果では，銅スラグ細骨材の粗粒率が小さいほど AE 剤添加率は高くなり，粗粒率が 2.42 のときに山砂とほぼ同等の AE 剤添加率となることが示されている．

水セメント比を 55%，空気量を 4.3～5.1% とした銅スラグ細骨材を用いたコンクリートの凍結融解抵抗性は，図 2.54 に示すように一般のコンクリートと同程度であり，適切な空気量が混入されれば，良好な耐凍害性を確保できることが示されている．なお，ここでは，ブリーディング量が $0.6cm^3/cm^2$ 以下のコンクリートが試料として用いられている．

その一方で，図 2.55 に示すように，前提条件が異なるものの相対動弾性係数が 60% を下回るという結果も報告されている．

図 2.56 は，低品質細骨材（絶乾比重 2.40，吸水率 7.90%）を銅スラグ細骨材で置換した場合の耐凍害性について示したものである．この図では，低品質細骨材を銅スラグ細骨材で置換することは，耐凍害性の改善に有効な手段の一つとなり得ることが示されている．なお，この実験では目標空気量を 4% としたコンクリートが用いられている．

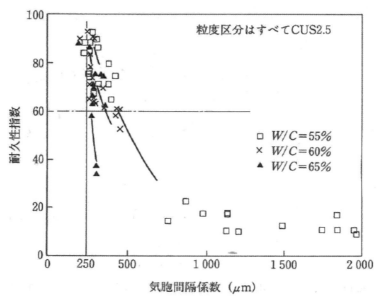

図 2.52 気泡間隔係数と耐久性指数の関係 [35]

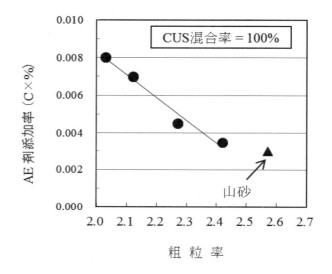

図 2.53 銅スラグ細骨材の粗粒率とコンクリートの AE 剤添加率の関係 [112]

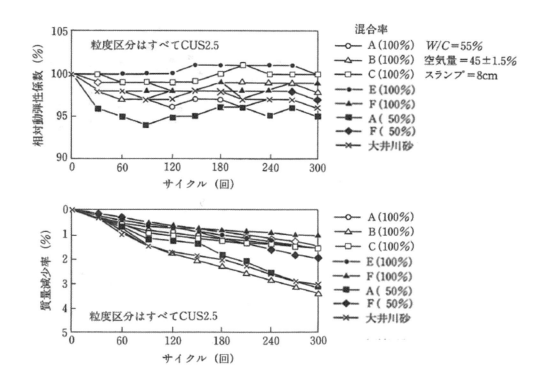

図 2.54 凍結融解試験結果 1 [21]

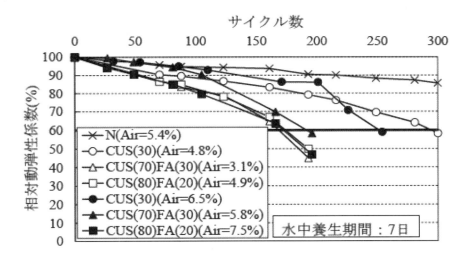

図 2.55 凍結融解試験結果 2 (W/C＝55%) [109]

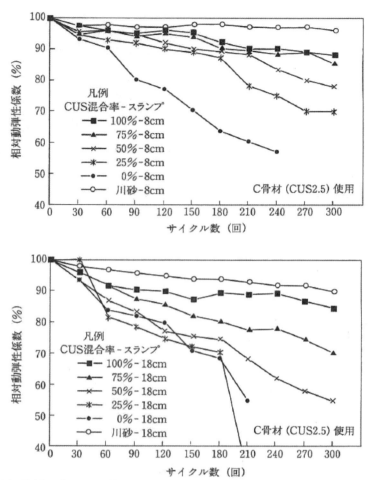

図 2.56 低品質細骨材に銅スラグ細骨材を混合した場合のコンクリートの耐凍害性の改善
(図中の川砂，他は低品質骨材との混合を示す) [72]

2.2.10 中性化

中性化促進試験結果を**図 2.57**，**2.58** に，暴露試験体の中性化深さの測定結果を**図 2.59**，**2.60** に示す．コンクリートの中性化は，銅スラグ細骨材混合率の増加にともない抑制される傾向にある．特に，銅スラグ細骨材混合率を 100% とした場合には，中性化深さは著しく小さくなっている．なお，促進試験は日本建築学会「高耐久性コンクリート設計施工指針（案）・同解説」（付 1．コンクリートの促進中性化試験方法（案））に準じたものである．

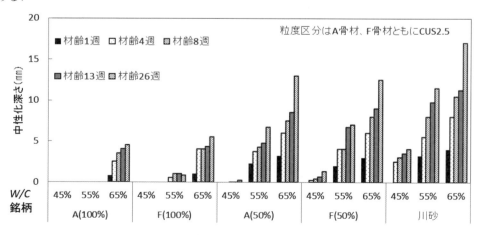

図 2.57 水セメント比，銅スラグ細骨材混合率と中性化深さの関係（促進試験体） [42]

付録I　銅スラグ細骨材に関する技術資料

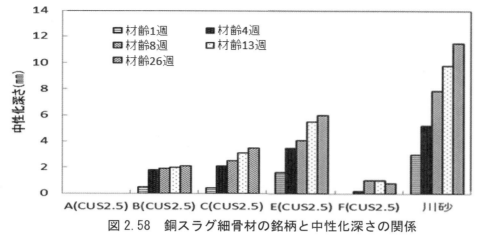

図2.58　銅スラグ細骨材の銘柄と中性化深さの関係
（促進試験体：W/C=55%，銅スラグ細骨材混合率100%）[42]

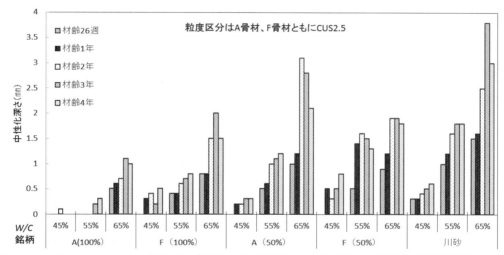

図2.59　水セメント比，銅スラグ細骨材混合率と中性化深さの関係（暴露試験体）[42]

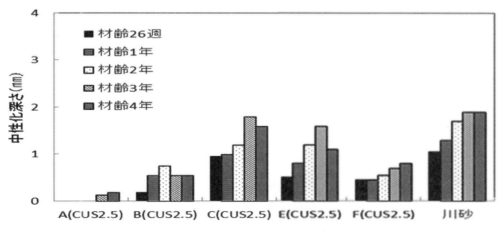

図2.60　銅スラグ細骨材の銘柄と中性化深さの関係
（暴露試験体：W/C=55%，CUS混合率100%）[42]

2.2.11 水密性

表 2.6 に示した暴露供試体の透水試験（インプット法）の結果では，銅スラグ細骨材混合率の大小に関わらず，銅スラグ細骨材を用いたコンクリートの拡散係数は，川砂を用いたコンクリートの場合と同程度の値を示している．

表 2.6 暴露供試体の透水試験結果（C 骨材 CUS2.5 使用）[21]

CUS 混合率 (%)	平均浸透深さ (cm)	拡散係数 (cm^2/sec)
0	8.43	0.0124
50	9.70	0.0162
100	9.10	0.0145

2.2.12 遮塩性

図 2.61 に示す供試体による干満帯での暴露試験を行った結果では，銅スラグ細骨材を用いたコンクリートと川砂を用いたコンクリートの塩分含有量には，図 2.62 に示すように大差が認められていない．

（使用材料）
セメント：普通ポルトランドセメント
細骨材：CUS 2.5 および大井川産川砂

凡 例	CUS 混合率 (%)	W/C (%)	s/a (%)	スランプ (cm)	空気量 (%)	混和剤
①-100	100	55	45	8±2.5	4.5±15	No.70
①- 50	50					
①- 0	0					

（暴露条件）
干満帯（運輸省港湾技術研究所の海洋暴露試験場）において暴露し，塩分測定．試験時期：平成 6 年から平成 11 年
（測定方法）
JCI-SC5「硬化コンクリート中に含まれる塩分の簡易分析方法」による

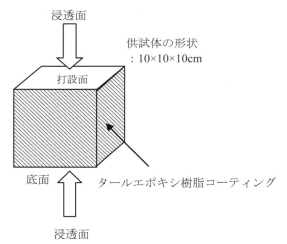

図 2.61 供試体の形状寸法と試験条件など [23), 34), 43), 69)]

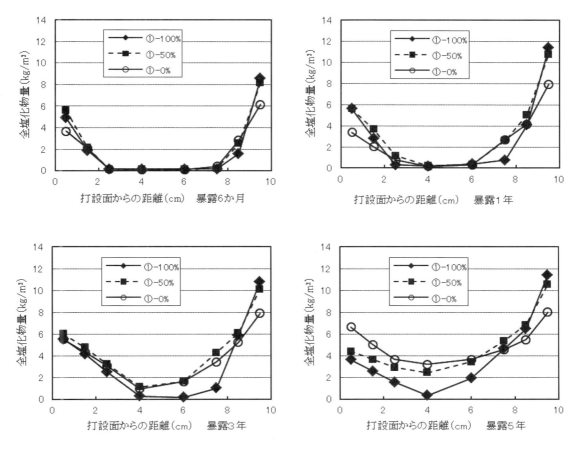

図 2.62 塩分含有量測定結果（暴露試験体：材齢 6 ヶ月～5 年）

2.2.13 細孔量

銅スラグ細骨材を用いたコンクリートと川砂を用いたコンクリートの総細孔容積量の測定結果を図 2.63 に示す．この図では，銅スラグ細骨材混合率が大きくなるにともない，総細孔容積量が小さくなることが示されている．

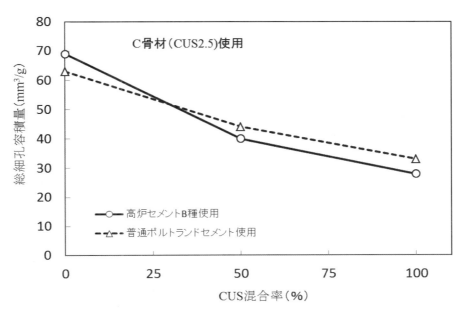

図 2.63 銅スラグ細骨材混合率と総細孔容積量の関係（W/C＝61.0%）[43]

2.2.14 色調

銅スラグ細骨材は黒色を帯びているので，高い混合率でこれをコンクリートに使用した場合には，コンクリートが黒灰色となる．**写真2.1**は，銅スラグ細骨材を用いた乾燥状態のコンクリートの色調を示したものである．銅スラグ細骨材混合率が30%以下の範囲であれば，銅スラグ細骨材混合率0%のコンクリートと比較して，色調は殆ど変わらない．銅スラグ細骨材混合率を100%とした場合には，コンクリートの色調が大きく異なっている．

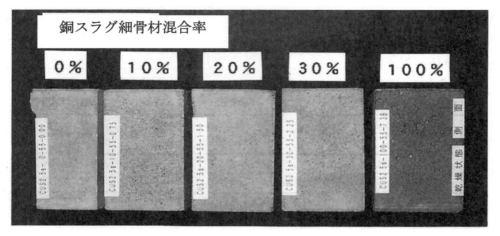

写真2.1　銅スラグ細骨材混合率とコンクリートの色調（A骨材（CUS2.5）使用）[86]

2.3 銅スラグ細骨材を用いたコンクリート（高流動コンクリートを含む）の長期屋外暴露試験 [43), 69)]

銅スラグ細骨材を用いた高流動コンクリートの長期屋外暴露試験が，日本鉱業協会により行われた．長期屋外暴露試験では，実機プラントミキサで製造されたコンクリート（高流動コンクリートを含む）を用いて，大型暴露試験体（図 2.64 参照）および消波ブロックを作製した．

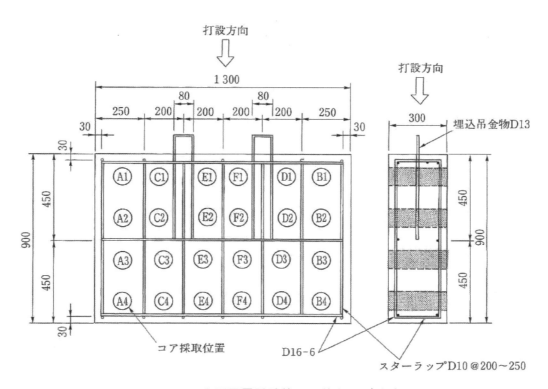

図 2.64 大型暴露試験体の形状および寸法

ここでは，フレッシュコンクリートの試験結果や大型暴露試験体から採取されたコア試験体の力学性状および耐久性状に関する試験結果について紹介する．

なお，実験には，表 2.8 に示すように，スランプ 8cm の普通骨材および銅スラグ細骨材を用いたコンクリート（以下，ここではこの 2 種類のコンクリートを通常コンクリートという）および銅スラグ細骨材を用いた高流動コンクリートが使用された．

2.3.1 使用材料および配合

使用材料を表 2.7 に，コンクリートの配合を表 2.8 に示す．高流動コンクリートには，増粘剤（水溶性セルロースエーテル）を使用した．

表2.7 使用材料 [43]

材料名	種類・銘柄など	記号
水	大分県佐賀関町水道水	W
セメント	高炉セメントB種（比重3.02）	C
細骨材	川砂（表乾比重2.54，吸水率1.97%，FM2.62）	S
	銅スラグ細骨材（C）：CUS2.5	CUS
粗骨材	砕石2005（表乾比重2.72，吸水率0.42%，FM6.66）	G
混和剤	AE減水剤（標準形）	AE1
	AE助剤	AE2
	高性能AE減水剤（ポリカルボン酸系）	SP
	増粘剤（水溶性セルロースエーテル）	V

表2.8 実験で使用したコンクリートの配合 [43]

種類	W/C (%)	s/a (%)	単位量（kg/m³）								
			W	C	S	CUS	G	AE1	AE2	SP	V
普通-8	55.0	44.3	156	284	792	-	1069	0.852	5.25A	-	-
CUS-8*	55.0	43.0	151	275	-	1131	1104	0.852	2.5A	-	-
高流動**	45.0	51.4	170	378	-	1248	873	-	-	7.56	0.35

　*　CUS-8は，銅スラグ骨材100%使用スランプ8cm.
　**　高流動コンクリートには，CUS100%を使用.

2.3.2 製造および打込み方法

コンクリートの製造は，2軸強制練りミキサを用いて図2.65に示す方法で行われた．

また，コンクリートの打込みは，大型暴露試験体および消波用ブロックともに容量0.5m³のバケットを用いて行われ，それぞれ，2層および3層に分けて打込まれた．なお，高流動コンクリートの打込みには，締固めなどの作業は行われていない．

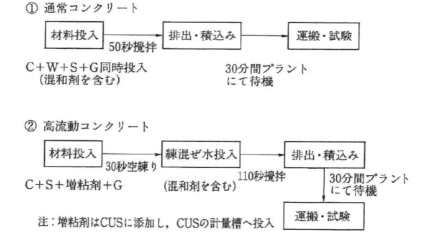

図2.65 コンクリートの練り混ぜ方法 [43]

2.3.3 フレッシュコンクリートの性状

フレッシュコンクリートの性状を表2.9に示す．この試験結果では，CUS2.5を用いた場合でも，高流動コンクリートの製造が十分可能であることが示されている．

表2.9 フレッシュコンクリートの性状 [43]

種類	スランプ(cm)	空気量(%)	単位容積質量(t/m^3)	コンクリート温度(℃)	気温(℃)	ブリーディング 量(cm^3/cm^2)	率(%)
普通-8	7.5	5.4	2.265	11.5	8.0	0.13	3.1
CUS-8	11.5	5.0	2.635	12.5	10.0	0.46	11.9
高流動	64.5*	5.1	2.665	15.0	12.0	0.00	0.0

* スランプフロー値（練り上がり直後は61.5cm）

ブリーディング率は，スランプ8cmのコンクリートの場合，銅スラグ細骨材を用いたもので約12%，用いなかったもので約3%となっている．これに対し，高流動コンクリートの場合は，ブリーディングの発生は認められていない．しかし，凝結時間は高流動コンクリートにあっては約24時間を要した．

なお，フレッシュコンクリートの試験は，出荷から30分経過後の荷卸し地点で行ったものである．

2.3.4 硬化コンクリートの性状

コアの力学性状を表2.10に示す．通常のコンクリートの普通-8とCUS-8を比較すると，圧縮強度およびヤング係数ともにCUS-8の方が大きな値を示している．また，高流動コンクリートの材齢1年の圧縮強度試験結果では，80N/mm^2以上の高強度を示したコア供試体も認められている．

表2.10 コアの力学性状 [43],[69]

コンクリート種類		コア採取位置 材齢8ヶ月	材齢1年	圧縮強度(N/mm^2) 材齢8ヶ月	材齢1年	ヤング係数×KN/mm^2) 材齢8ヶ月	材齢1年
通常	普通-8	A1	B1	33.1	36.9	36.2	36.7
		A2	B2	50.3	44.0	38.6	37.7
		A3	B3	47.0	47.0	36.0	37.7
		A4	B4	45.8	48.5	36.5	39.1
	CUS-8	A1	B1	38.3	40.0	40.4	42.4
		A2	B2	48.9	50.4	40.9	44.5
		A3	B3	48.1	51.1	41.6	45.1
		A4	B4	60.4	52.7	46.2	42.8
高流動		A1	B1	77.5	61.0	48.4	52.3
		A2	B2	76.1	80.1	47.4	46.2
		A3	B3	75.9	80.4	46.8	48.9
		A4	B4	75.1	73.4	45.3	48.5

2.3.5 中性化

中性化深さの測定結果は，図2.66に示すように通常のコンクリートの普通-8とCUS-8では大差ない結果となっている．これに対し，高流動コンクリートの中性化深さは，材齢1年においても3mm未満と極めて小さな値となっている．

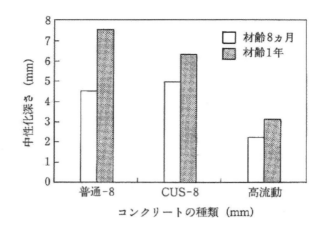

図 2.66 大型暴露試験体の中性化深さ測定結果 [43) 69)]

2.4 海洋大気中での長期暴露試験 [104)]

銅スラグ細骨材を用いたコンクリートのケーソン模擬供試体による海洋大気中での長期暴露試験について紹介する．暴露試験は，2005 年より開始し，これまでに暴露 7 年の経過時の各種試験結果について報告されている．

2.4.1 暴露供試体の概要

表 2.11 と表 2.12 に，暴露供試体で用いた配合および使用材料を示す．コンクリートの配合は呼び強度 30N，スランプ 12cm，空気量 4.5%，粗骨材最大寸法 25mm とし，供試体は，高さ 1500×幅 1500×長さ 1500×壁厚 250mm のセルラーブロックで港湾用ケーソンを模擬して製作されている．暴露場所は，小名浜港ケーソンヤード海側に面した海上大気中である．

表 2.11 コンクリートの配合 [104)]

CUS 混入率	セメント 種類	W/C (%)	単位量 (kg/m^3)						BL 量 (cm^3/cm^2)
			W	C	F	S	CUS	G	
0	N	47	166	353	-	764	-	1029	0.116
30	N	48	167	348	-	550	322	1007	0.153
100	N	45	170	380	-	-	1043	990	0.279
100F	N	43	163	280	100	-	1008	990	0.346
0	BB	45	164	364	-	735	-	1042	0.124
0	BB	47	163	347	-	552	322	1004	0.175
100	BB	43	163	380	-	-	1050	990	0.287
100F	BB	42	160	280	100	-	1008	990	0.344

※ 100F：フライアッシュ有, BL 量：事前の配合確認試験で求めたブリーディング量．

表2.12 使用材料[104]

材料名	種類・銘柄など	記号
セメント	普通ポルトランドセメント，密度 3.16g/cm^3	N
	高炉セメント B 種，密度 3.04g/cm^3	BB
練混ぜ水	上水道水	W
細骨材	山砂，表乾密度 2.58g/cm^3，粗粒率 3.30	S
	CUS5-0.3，表乾密度 2.72 g/cm^3，粗粒率 3.30	CUS
粗骨材	砕石 2005，表乾密度 2.70 g/cm^3，粗粒率 6.91	G
混和材	フライアッシュ II 種，密度 2.10 g/cm^3	F

2.4.2 ひび割れの発生状況

表2.13 にひび割れ観察の結果を示す．目視観察で確認したひび割れは，最大幅 0.3mm，最大長さは側面で 110mm，天端で 250mm であった．暴露 7 年のひび割れの発生に対する影響について銅スラグ細骨材の混入による明確な差はなかった．

表2.13 ひび割れの観察結果[104]

CUS 混入率	セメント 種類	ひび割れ本数 (本/側面と端数)	ひび割れ長さ (mm/本)	ひび割れ幅 (mm/本)
0	N	0	-	-
30	N	7	50～250	0.04～0.30
100	N	2	25～ 45	0.10
100F	N	4	60～250	0.20
0	BB	5	40～100	0.08～0.20
0	BB	1	40	0.10
100	BB	3	30～ 80	0.06～0.15
100F	BB	5	40～250	0.05～0.25

2.4.3 圧縮強度

図2.67 にブリーディング量と圧縮強度を示す．暴露 7 年では 48.5～67.6N/mm^2 となり，十分な強度を有していた．また，銅スラグ細骨材混合率が高いとブリーディングは増加傾向を示したが，この影響に因る強度低下は確認されていない．

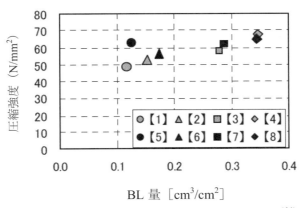

図2.67 ブリーディング量と圧縮強度の関係[104]

2.4.4 中性化深さ

図2.68にブリーディング量と中性化深さの関係を示す．暴露7年の中性化深さは2.0〜5.4mmであり，銅スラグ混入率が増加すると大きくなる傾向を示している．銅スラグ混合率が高い場合，すなわちブリーディングが増加すると中性化深さは大きくなる．

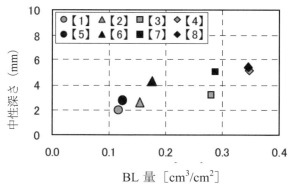

図2.59　ブリーディング量と中性化深さの関係 [104]

2.4.5 遮塩性

図2.69に塩化物イオン濃度の結果を示す．表層の深さ5mmで塩化物イオン濃度0.25〜0.83kg/m^{3}となり，塩分の浸透は非常に少ない結果となっている．各供試体の塩化物イオン拡散係数を試算すると0.04〜0.17cm^2/年（図2.70）となり，暴露7年では，配合による差とブリーディングが遮塩性に与える影響は確認できない．

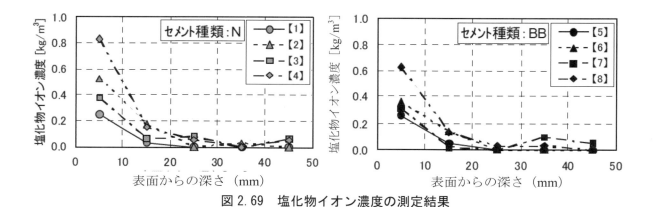

図2.69　塩化物イオン濃度の測定結果

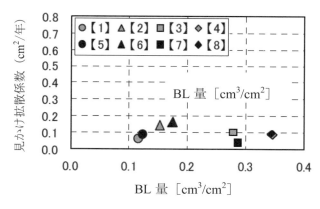

図2.70　ブリーディング量と見かけの拡散係数の関係 [104]

2.5 銅スラグ細骨材を用いた軽量（骨材）コンクリート

日本鉱業協会では，日本メサライト鉱業㈱の協力を得て銅スラグ細骨材の軽量（骨材）コンクリートへの適用性を検討する目的で，室内試験を行った．室内試験では，フレッシュコンクリートの性状，硬化コンクリートの単位容積質量および圧縮強度について検討された．

2.5.1 使用材料

使用材料を表2.14に示す．細骨材には川砂と銅スラグ細骨材を混合したもの，粗骨材には人工軽量粗骨材MA-419が使用された．また，比較用として細骨材に川砂を単独で用いたコンクリートも使用されている．

2.5.2 コンクリートの配合

コンクリートの配合は表2.15に示す2種類である．銅スラグ細骨材混合率は30%で，いずれの調合配合も目標スランプは21cm，目標空気量は5%とされている．

表2.14 銅スラグ細骨材を用いた軽量（骨材）コンクリートの使用材料

材料名	種類・銘柄・品質
セメント	普通ポルトランドセメント（比重3.16）
細骨材	川砂，（絶乾比重2.52，吸水率2.9%，FM 2.71）
	CUS（絶乾比重3.68，吸水率0.36%，FM 2.42）
粗骨材	人工軽量骨材MA-419，（絶乾比重1.29，吸水率27.6%，実積率63.0%，FM6.29）
混和剤	AE減水剤（No.70），AE剤（303A）

表2.15 計画配合

細骨材種類	CUS混合率 (%)	W/C (%)	空気量 (%)	スランプ (cm)	s/a (%)	単位水量 (kg/m³)	単位量（絶対容積）(l/m³)			単位量（絶対容積）(l/m³)		
							セメント	細骨材		軽量粗骨材	セメント	細骨材		軽量粗骨材
								川砂	CUS			川砂	CUS	
CUS	30	55	5.0	21	46.2	180	103	216	92	359	327	559	339	592
川砂	30	55	5.0	21	46.2	180	103	308	-	359	327	798	-	592

2.5.3 フレッシュコンクリートの性状

表2.16にフレッシュコンクリートの性状を示す．銅スラグ細骨材を用いたコンクリートの空気量は目標値に対してかなり大きな値となっているが，スランプは目標値に近い値となっている．また，銅スラグ細骨材混合率30%のコンクリートの単位容積質量の試験値が1.94t/m³であるのに対し，川砂を単独使用したコンクリートは，1.87t/m³となっている．

表 2.16 フレッシュコンクリートの性状

種類	スランプ (cm)	空気量 (%)	単位容積質量 (t/m³)	コンクリート温度 (℃)
CUS	22.0	7.5	1.94	28.0
川砂	22.0	5.9	1.87	27.0

2.5.4 硬化コンクリートの性状

表 2.17 に水中養生を行った硬化コンクリートの単位容積質量の測定結果を示す．表中の①の数値は圧縮強度試験に用いた供試体の値を，②の上中下の数値は円柱形試験体（直径：10cm，高さ：20cm）の上端部，中央部および下端部からそれぞれ 5cm の厚さに切断された供試体の値を示す．②の試験結果から，銅スラグ細骨材混合率を 30%とした場合でも，川砂単独使用の場合と比べ材料の均一性に大差はないことがわかる．また，銅スラグ細骨材混合率 30%の軽量コンクリート 1 種の気乾単位容積質量の推定値は，設計気乾単位容積質量の 1.9t/m³ に対しては十分安全に使用できる．

材齢 28 日の圧縮強度は，川砂単独使用の 24.0N/mm² に対し銅スラグ細骨材混合率 30%の場合は 26.1N/mm² の値を示し，約 2N/mm² 高い値を示した．

表 2.17 硬化コンクリートの単位容積質量 (kg/l)

細骨材 CUS 混合率 (%)	計画配合時の値	フレッシュコンクリート	気乾コンクリート推定値	供試体の単位容積質量実績値			
				① 全体	② 高さ別		
					上	中	下
CUS-30	1.977	1.940	1.868	1.930	1.936	1.941	1.944
川砂-0	1.897	1.870	1.768	1.840	1.846	1.838	1.865

注）供試体の寸法：10φ×20h

表2.18に，銅スラグ細骨材混合率10，20，30％の場合および川砂単独使用の，軽量コンクリートⅠ種の気乾単位容積質量の推定値と計画配合に基づく練上がり時の単位容積質量の計算値を示す．なお，材料比重配合概要は表中に示す．川砂単独使用時の気乾単位容積質量の推定値1.78t/m³に対し，銅スラグ細骨材混合率30％の場合は1.88t/m³の値を示しており，銅スラグ細骨材混合率10％当たりの単位容積質量の増加は，33kg/m³になる．

表2.18 銅スラグ細骨材を混合使用した軽量コンクリートⅠ種の単位容積質量の推定値

(t/m³)

CUS 混合率(%)	気乾単位容積質量	練上がり時
0	1.78	1.89
10	1.81	1.93
20	1.85	1.96
30	1.88	1.98

※ 気乾単位容積質量の推定は下式による．

$W_D = G_0 + S_0 + S'_0 + 1.25 C_0 + 120$ （kg/m³）

記号　W_D ： 気乾単位容積質量の推定値 （kg/m³）
　　　G_0 ： 計画配合における軽量粗骨材料（絶乾）（kg/m³）
　　　S_0 ： 計画配合における CUS 量（絶乾）（kg/m³）
　　　S'_0 ： 計画配合における CUS 以外の細骨材料（絶乾）（kg/m³）
　　　C_0 ： 計画配合におけるセメント量 （kg/m³）

［材料比重（絶乾）］
G_0 ：1.27 （吸水率：25％）
S_0 ：3.50 （吸水率：1％）
S'_0 ：2.55 （吸水率：3％）
C_0 ：3.15

［配合概要］
$W/C = 55\%$
スランプ ＝ 18cm
空気量 ＝ 5.0％
単位水量 ＝ 180kg/m³
$s/a = 48\%$

3. 運搬・施工時における銅スラグ細骨材を用いた コンクリートの品質変化試験

3.1 生コンクリートの運搬にともなうコンクリートの品質変化[23]

ここでは，日本鉱業協会が実施した生コンプラントから現場までの運搬にともなうコンクリートの品質の変化に関する現場実験の結果を示す．

コンクリートの使用材料を表3.1に示す．この実験では，表3.2に示す6種類のコンクリートを用いて，表3.3に示す試験が実施されている．

表3.1 使用材料

材料名	物性・成分など
セメント	普通ポルトランドセメント（比重3.15）
細骨材	普通骨材（川砂と海砂の混合砂，表乾比重2.55，吸水率1.98%，粗粒率2.68）
	CUS2.5（C骨材，表乾比重3.61，吸水率0.45%，粗粒率2.56）
粗骨材	砕石2005（表乾比重2.70，吸水率0.41%，粗粒率6.61，実積率60.5%）
混和剤	AE減水剤（遅延形），AE助剤

表3.2 コンクリートの配合

配合番号	スランプ (cm)	目標空気量 (%)	水セメント比 (%)	細骨材率 (%)	CUS混合率 (%)	単位量(kg/m³)					
						水 W	セメント C	細骨材 普通	細骨材 CUS	粗骨材 G	AE減水剤	AE助剤[1]
I-1	18	4.5	55	44.4	100	183	333	0	1074	1002	0.999	0
I-2	8	4.5	55	43.8	100	161	293	0	1114	1064	0.879	0
I-3	18	4.5	55	44.6	50	181	329	380	545	1002	0.987	0.8A
I-4	8	4.5	55	44.0	50	159	289	395	563	1064	0.867	0.6A
I-5	18	4.5	55	44.9	0	179	325	770	0	1002	0.975	2.0A
I-6	8	4.5	55	44.4	0	157	285	801	0	1064	0.855	1.5A

1) $1A = C \times 0.001\%$

表3.3 各運搬時間における試験項目

採取時間	スランプ	空気量	ブリーディング	圧縮強度
工場出荷時	○	○		
運搬30分後	○	○	○	○
運搬60分後	○	○		
運搬90分後	○	○	○	○

図3.1に示した運搬時間とスランプとの関係では，I-2のコンクリートを除き，いずれのコンクリートも，運搬時間の経過にともなうスランプの低下は小さいことがわかる．I-2のコンクリートは，製造直後から運搬30分までの間にスランプが約5cm低下している．この理由については不明であるが，これを除けば，運搬時

間の経過に伴うスランプの低下は，天然砂を用いたコンクリートと変わりはない．なお，I-2 のコンクリートにおいても，運搬 30 分以降のスランプの低下は認められていない．

図 3.2 に示されるように，運搬にともなう空気量の変化は小さく，製造直後から運搬 90 分までの空気量の変化は±1%の範囲にある．

図 3.3 の試験結果では，ブリーディング量は，各運搬時間において銅スラグ細骨材混合率を 100% とした場合が最も大きくなっている．運搬時間とブリーディング量との関係に着目すると，いずれのコンクリートにおいても，運搬 90 分後に試料を採取した場合のブリーディング量は，運搬 30 分後に採取した場合に比較して，小さくなっている．

銅スラグ細骨材を用いたコンクリートの圧縮強度に及ぼす運搬時間の影響は，図 3.4 に示すように天然砂を用いたコンクリートの場合と同様であり，運搬時間の経過にともなう圧縮強度の大きな変化は認められていない．

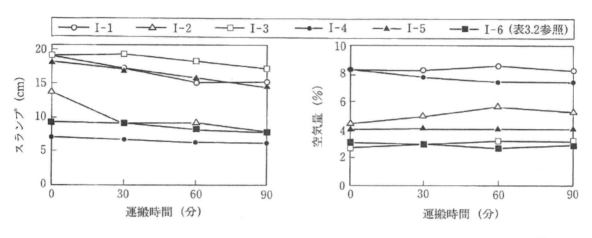

図 3.1　運搬時間とスランプの関係 [23]　　　図 3.2　運搬時間と空気量の関係 [23]

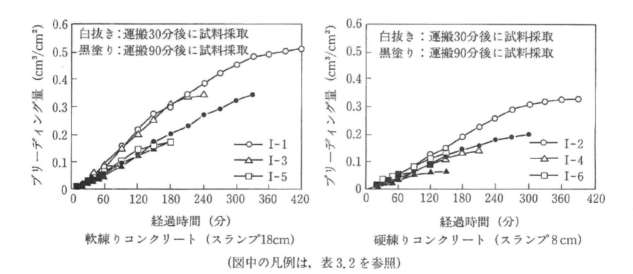

（図中の凡例は，表 3.2 を参照）

図 3.3　運搬時間とブリーディング量の関係 [23]

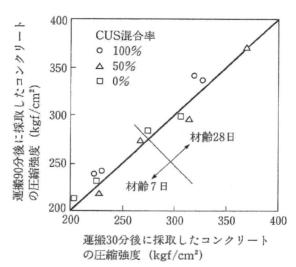

図 3.4 運搬時間と圧縮強度の関係 [23]

3.2 ポンプ圧送にともなうコンクリートの品質変化 [23]

図 3.5〜3.8 ならびに表 3.6, 表 3.7 は，日本鉱業協会が行ったポンプ圧送にともなうコンクリートの品質変化に関する実験の結果を示したものである．なお，実験では，表 3.4 に示す材料を用いた表 3.5 に示す 6 種類のコンクリートが使用されている．

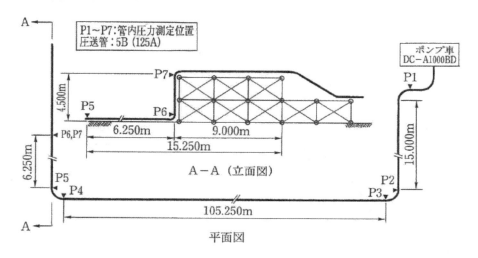

図 3.5 ポンプ圧送実験における配管条件 [23]

表 3.4 コンクリートの使用材料 [23]

材料名	物性・成分など
セメント	普通ポルトランドセメント（比重 3.15）
細骨材	普通骨材（川砂と海砂の混合砂，表乾比重 2.55，吸水率 2.00%，粗粒率 2.66）
	CUS2.5（C 骨材，表乾比重 3.61，吸水率 0.45%，粗粒率 2.56）
粗骨材	砕石 2005（表乾比重 2.70，吸水率 0.42%，粗粒率 6.59，実積率 60.6%）
混和剤	AE 減水剤（遅延形），AE 助剤

表 3.5 実験に使用したコンクリートの種類[23]

配合番号	目標スランプ (cm)	目標空気量 (%)	水セメント比 (%)	細骨材率 (%)	CUS混合率 (%)	単位量(kg/m³)					
						水 W	セメント C	細骨材		粗骨材 G	AE減水剤
								普通	CUS		
I-1	18	4.5	55	44.4	100	183	333	0	1074	1002	0.999
I-2	12[1]	4.5	55	43.8	100	161	293	0	1114	1064	0.879
I-3	18	4.5	55	44.6	50	181	329	380	545	1002	0.987
I-4	12[1]	4.5	55	44.0	50	159	289	395	563	1064	0.867
I-5	18	4.5	55	44.9	0	179	325	770	0	1002	0.975
I-6	12[1]	4.5	55	44.4	0	157	285	801	0	1064	0.855

1) $1A = C \times 0.001\%$

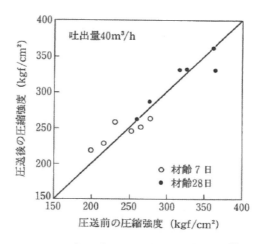

図 3.6 ポンプ圧送前後の圧縮強度[23]

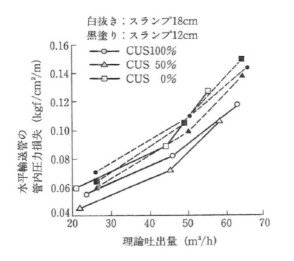

図 3.7 水平輸送管 1m 当たりの管内圧力損失と吐出量の関係[23]

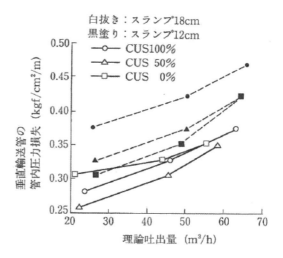

図 3.8 垂直輸送管 1m 当たりの管内圧力損失と吐出量の関係[23]

　ポンプ圧送前後におけるスランプの変化は，表 3.6 に示すように，目標スランプを 12cm および 18cm のいずれとした場合においても 2cm 未満であり，銅スラグ細骨材の吸水率が小さいことが圧送にともなうスランプの低下を小さくしている．一方，空気量は圧送によってわずかに減少する傾向にあるが，その値は最大でも 0.7% であり，銅スラグ細骨材を用いないコンクリートと大差はない．

表 3.6 圧送前後のフレッシュコンクリートの品質[23]

吐出量 40m³/h の時の試験結果

配合番号	CUS混合率(%)	目標スランプ	スランプ(cm)		空気量(%)		単位容積質量(t/m³)		備考
			圧送前	圧送後	圧送前	圧送後	圧送前	圧送後	
I-1	100	18cm	19.6	18.3	5.6	4.9	2.58	2.59	
I-2	100	8→12cm	11.3	9.3	5.0	5.0	2.61	2.61	流動化
I-3	50	18cm	19.4	19.1	3.7	3.7	2.46	2.46	
I-4	50	8→12cm	11.9	13.0	4.5	4.4	2.47	2.48	流動化
I-5	0	18cm	19.3	17.8	4.4	4.0	2.30	2.31	
I-6	0	8→12cm	9.6	9.9	4.7	4.7	2.28	2.28	流動化

配合番号	CUS混合率(%)	目標スランプ	コンクリート温度(℃)		ブリーディング率(%)		ブリーディング量(cm³/cm²)		備考
			圧送前	圧送後	圧送前	圧送後	圧送前	圧送後	
I-1	100	18cm	29.0	31.0	11.0	9.67	0.51	0.45	
I-2	100	8→12cm	30.0	31.5	7.93	6.67	0.33	0.27	流動化
I-3	50	18cm	29.0	31.0	6.83	5.36	0.31	0.26	
I-4	50	8→12cm	29.5	31.0	4.08	3.39	0.16	0.14	流動化
I-5	0	18cm	29.0	30.5	4.15	3.02	0.19	0.14	
I-6	0	8→12cm	29.0	30.5	2.12	1.20	0.08	0.05	流動化

　圧送にともなうブリーディング率の変化は，コンクリートの種類による明確な相違はなく，圧送前後で 1 ～1.5% 程度減少している．

　ポンプ圧送前後における圧縮強度の変化は，**図** 3.6 に示すように，コンクリートの種類，材齢に関わらず，認められていない．

　管内圧力損失の測定結果を **図** 3.7，3.8 に示す．銅スラグ細骨材を用いたコンクリートの水平輸送管の管内圧力損失は，これを用いないコンクリートのそれと同程度の値が示されている．一方，垂直輸送管の管内圧力損失は，銅スラグ細骨材混合率 100% のコンクリートが，最も大きな値を示している．特に，目標スランプを 12cm とした場合の，銅スラグ細骨材混合率 100% と 0% のコンクリートの管内圧力損失を比較すると，前者のほうが 10% 程度大きな値となっている．なお，**表** 3.7 に示した結果では，銅スラグ細骨材を用いたコンクリートの上向き垂直管 1m 当たりの管内圧力損失の平均値は，水平管の 4～4.5 倍となっている．

表 3.7 水平管・垂直管のポンプ圧送量と管内圧力損失値との関係[23]

配合番号	目標スランプ (cm)	CUS混合率 (%)	目標吐出量 (m³/h)	圧力損失 (kgf/cm²/m) ①水平管 P3〜P4(105m)	圧力損失 (kgf/cm²/m) ②水平管 P6〜P7(4m)	②/①	
I-1	18	100	20	0.055	0.282	5.13	4.12
			40	0.082	0.329	4.01	
			60	0.117	0.376	3.21	
I-2	8→12	100	20	0.070	0.376	5.37	4.18
			40	0.109	0.424	3.89	
			60	0.144	0.471	3.27	
I-3	18	50	20	0.045	0.259	5.76	4.45
			40	0.072	0.306	4.25	
			60	0.106	0.353	3.33	
I-4	8→12	50	20	0.060	0.329	5.48	4.12
			40	0.099	0.376	3.80	
			60	0.138	0.424	3.07	
I-5	18	0	20	0.059	0.306	5.19	3.90
			40	0.088	0.329	3.74	
			60	0.127	0.353	2.78	
I-6	8→12	0	20	0.063	0.306	4.86	3.69
			40	0.104	0.353	3.39	
			60	0.150	0.424	2.83	

3.3 銅スラグ細骨材を用いたコンクリートのポンプ圧送性[108]

細骨材としてCUS2.5を単独使用（銅スラグ細骨材混合率100%）した重量コンクリートの圧送試験について紹介する．試験では，圧送前後のフレッシュ性状，強度性状，管内圧力損失について報告されている．

3.3.1 試験概要

コンクリートの配合と使用材料を表3.8，表3.9に示す．配合は，防波堤築造における上部コンクリートを想定したものである．配管と圧力計の位置を図3.9に示す．圧送管は，5B（125A）を用い，配管実長は79.2m，水平換算距離は，127.0mである．圧送方法および試験項目を表3.10，表3.11に示す．

表 3.8 コンクリートの配合[108]

W/C (%)	s/a (%)	単位量 (kg/m³)				AD (C×%)	単位容積質量 (kg/m³)
		W	C	CUS2.5	G		
47.7	43.0	167	350	1019	1004	1.0	2540

表 3.9 使用材料[108]

材　料		記　号	備　考
セメント	普通ポルトランドセメント	C	密度 3.16g/m³
細骨材	2.5mm銅スラグ細骨材	CUS2.5	密度 3.50g/m³，吸水率 0.43%，FM2.44
粗骨材	山砂利	G	密度 2.60g/m³，吸水率 0.87%，FM6.86
混和剤	AE減水剤標準型	AD	リグニンスルホン酸系

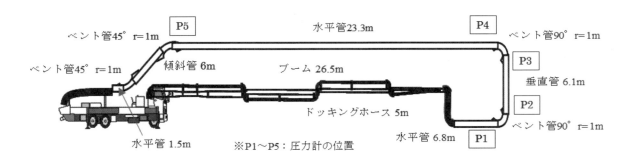

図 3.9 配管レイアウト[108]

表 3.10 圧送方法[108]

圧送方法	記号	試験内容
シリーズ 1	S1	設定吐出量毎に10ストローク分のコンクリートを圧送し，圧送前後のコンクリート性状，管内圧力，実吐出量等を測定
シリーズ 2	S2	シリーズ1の試験終了後，配管内のコンクリートを15分間循環による圧送を行い，圧送後のコンクリート性状，管内圧力等を測定

表 3.11 試験項目[108]

測定項目	内　容	実施シリーズ
理論吐出量	シリンダ容積と時間当たりのストロークから算出	シリーズ1
実吐出量	10ストローク分の排出時間からおよび立方体容器に受けた容積から算出	シリーズ1
管内圧力	圧力計5箇所で測定	シリーズ1, 2
ポンプ主油圧	ピストン主油圧計で測定	シリーズ1, 2
スランプ	荷卸し時，圧送後および15分間の循環圧送後で測定	シリーズ1, 2
空気量		
単位容積質量		
ブリーディング		
圧縮強度		

3.3.2 管内圧力

管内圧力の測定結果を図3.10～3.12に示す．銅スラグ細骨材を用いたコンクリートの水平管の管内圧力損失は，土木学会「ポンプ工法施工指針」に記載されている普通コンクリートの圧力損失の範囲内であることが示されている．

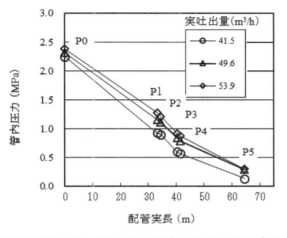

図3.10 管内圧力測定結果（シリーズ1）[108]

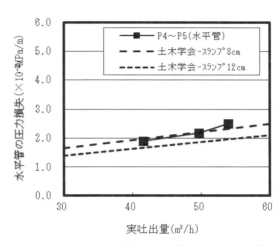

図3.11 水平間の圧力損失（シリーズ1）[108]

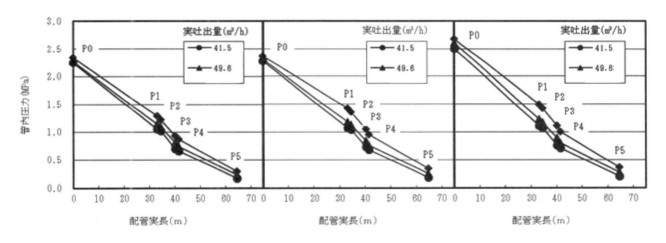

図3.12 管内圧力測定結果（シリーズ2）[108]

3.3.3 圧送前後の品質変化

圧送前後のフレッシュ性状の試験結果を表3.12，図3.13～3.15に示す．シリーズ1での圧送後のスランプは，概ね土木学会「ポンプ工法施工指針」に示されている普通コンクリート同程度であると示されている．圧送後の空気量については，明確な傾向が見られなかった．圧送後の単位容積質量については，空気量の増減によって変化している．

循環による長距離圧送を模擬したシリーズ2では，圧送後のスランプ，空気量の低下量は小さいと評価でき，相当に厳しい圧送条件においてもフレッシュ性状の変化は小さいことが示されている．

圧送前後の圧縮強度，静弾性係数の試験結果を図3.16，図3.17に示す．圧縮強度および静弾性係数は，圧送前後で大差はない結果となっている．

表 3.12 フレッシュ性状の試験結果 [108]

実吐出量 (m³/h)	採取条件	スランプ (cm)	空気量 (%)	単位容積質量 (kg/m³)	コンクリート温度 (℃)	ブリーディング 量 (cm³/cm²)	ブリーディング 率 (%)
41.6	圧送前(荷卸時)	12.5	4.7	2518	21.0	—	—
41.6	圧送後(循環圧送前)	13.0	4.2	2527	21.0	0.13	3.19
41.6	循環圧送後	8.0	3.4	2544	23.0	0.03	0.74
49.7	圧送前(荷卸時)	15.0	4.9	2527	21.0	0.32	7.54
49.7	圧送後(循環圧送前)	8.0	3.6	2541	23.0	0.03	0.78
49.7	循環圧送後	6.5	3.4	2553	25.0	0.04	0.92
53.9	圧送前(荷卸時)	12.5	3.8	2551	21.0	—	—
53.9	圧送後(循環圧送前)	9.5	4.5	2533	23.0	0.08	2.02
53.9	循環圧送後	5.0	3.2	2564	24.4	0.02	0.37

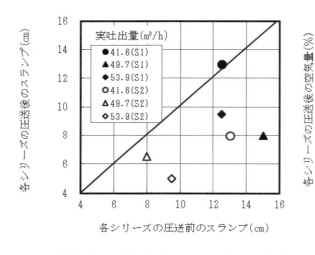

図 3.13 圧送前後のスランプの変化 [108]

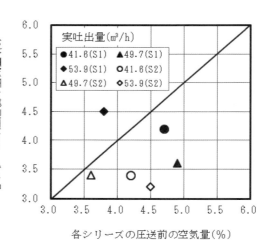

図 3.14 圧送前後のスランプの空気量 [108]

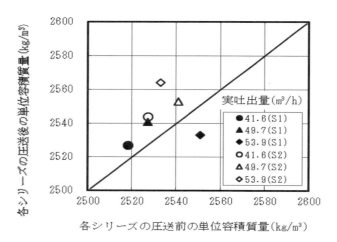

図 3.15 圧送前後の単位容積質量の変化 [108]

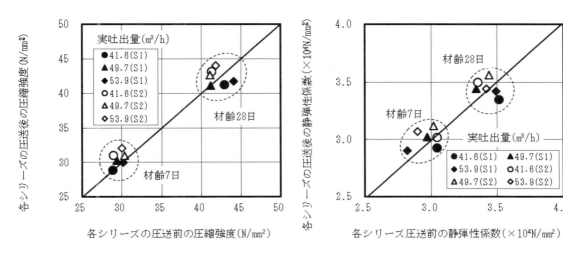

図3.16 圧送前後の圧縮強度の変化[108]　　　図3.17 圧送前後の静弾性係数の変化[108]

4. 銅スラグ細骨材の使用実績

4.1 概　　要

　銅スラグ細骨材のコンクリート用骨材としての規格化は，平成9年8月にJIS A 5011（コンクリート用スラグ骨材）の改定に際して行われ，第3部銅スラグ骨材が新たに制定された．また，銅スラグ細骨材はJIS A 5308（レディーミクストコンクリート）の改定に際し，附属書1「レディーミクストコンクリート用骨材」に規定され（1998年），近年コンクリート用細骨材としての用途が増大しつつある．

　銅スラグ細骨材はコンクリート用骨材として，古くから使用されてきた実績はあるが，各スラグ生産工場で構内の構造物に使用されてきた例がほとんどである．

　最近では利用量も増え様々な案件での施工実績が報告されてきているが，ここでは，実際の構造物に施工された銅スラグ細骨材コンクリートの概要，コンクリートの施工性，および耐久性を調査する目的で製造された長期暴露試験体の概要・配合などについて述べる．

　なお，実施工に使用された銅スラグ細骨材のうち，1994年以前のものは粗目のものであるが，1995年以後は適度に粉砕されたもので，JIS 規格に適合したもの（CUS2.5）が使用されており、現在の主流となっている．

4.2　銅スラグ細骨材コンクリートの施工実績

　これまでに，銅スラグ細骨材コンクリート構造体は，各スラグ製造工場内に多数存在しているが，配合や施工詳細の記録が不明なものも多い．表4.1に，銅スラグ細骨材コンクリートの実施配合および施工の概要を示す．構造体No.2および7は1968年および1995年にそれぞれ施工され，その施工記録が報告されているが，構造体の品質については，調査が困難なため明らかになっていない．その他の構造体は，品質調査が可能であり大部分のものについては，継続した調査が行われている．銅スラグ細骨材コンクリートの耐久性は，普通細骨材コンクリートの場合とほぼ同等であるかそれ以上であることが報告されている[16,17]．

4.3　長期暴露試験体による耐久性調査

　現在，表4.2に示す銅スラグ細骨材コンクリート試験体が，屋外暴露試験に供されている．試験体No.1～17については，非破壊試験やコア試料による強度特性試験，ひびわれ調査，中性化試験などが定期的に行われ，これまでの調査結果では同時に製造した普通骨材コンクリートに比べこれらの性質は同等以上であることが報告されている[43],[50],[69],[87],[88]．また，表4.3に示すように，愛媛県新居浜市で施工されている銅スラグ細骨材コンクリートの強度発現性状および耐久性は良好である．

付録 I　銅スラグ細骨材に関する技術資料

表 4.1　銅スラグ細骨材を用いたコンクリートの施工実績

No.	構造体種別	施工年	CUS銘柄種別	CUS混合率 (%)	設計[1]強度 (N/mm^2)	W/C (%)	空気量 (%)	スランプ[2]	単位量 (kg/m^3) セメント	水	CUS	普通砂	粗骨材	混和剤種類	備考
1	コンクリート土間	1975	$A_{5-0.3}$	100	—	65	405	8	322	209	1087	0	921	AE減水剤	直島製錬所構内
2	コンクリートケーソン蓋	1968	$B_{5-0.3}$	70	—	49	4.0	8	311	151	580	187	1280	AE減水剤	小名浜港防波堤
3	製品置場床舗装（RC造）	1994	$C_{2.5}$	100	—	55	4.5	8→12	293	161	1114	0	1004	AE減水剤	日鉱佐賀関製錬所構内
4	同上	1994	$C_{2.5}$	50	—	55	4.5	8→12	289	159	563	395	1054	AE減水剤	日鉱佐賀関製錬所構内
5	原料倉庫床舗装（RC造）	1996	$C_{2.5}$	100	24	55	4.5	15	284*	156	1114	0	1064	AE減水剤	日鉱佐賀関製錬所構内
6	同上擁壁基礎（RC）	1996	$C_{2.5}$	100	21	60	4.5	16	260	156	1174	0	1064	AE減水剤	日鉱佐賀関製錬所構内
7	重量コンクリート	1995	$D_{5-0.3}$	100	—	55	—	3	346	191	1040	0	1541		文献3)
8	バース(磯浦)建設工事	1990	$F_{5-0.3}$	50	21	56.5	—	12	350	198	593	440	796	AE減水剤	
9	ポータブル擁壁	1990	$F_{5-0.3}$	100	—	40.0	4.5	—	400	160	900	0	1140	高性能AE減水剤	住友金属鉱山㈱東予工場構内
10	研究所建屋	1994	$F_{2.5}$	50	21	52.5	4.5	15	371	195	531	394	868	AE減水剤	住友金属鉱山㈱東予工場構内
11	沈殿池躯体	1995	$F_{5-0.3}$	50	21	56.5	4.5	12	350	198	593	440	796	AE減水剤	住友金属鉱山㈱東予工場構内
12	工場設備基礎	1996	$F_{2.5}$	50	21	59.0	4.5	12	314	185	542	402	926	AE減水剤	住友金属鉱山㈱東予工場構内
13	銅電解建屋	1997	$F_{2.5}$	50	21	59.0	4.5	15	320	189	526	390	931	AE減水剤	住友金属鉱山㈱東予工場構内
14	消波ブロック	2002	$F_{2.5}$	70	—	43.3	—	6.5	300	130	773	257	1094	高性能AE減水剤	宮崎県日向市細島港内
15	砂防堰堤	2003	$F_{2.5}$	30	21	60.0	4.5	5	235	141	295	531	1226	—	高知県
16	工場建屋基礎	2011	$F_{2.5}$	20	24	54.0	4.5	15	326	176	230	676	902	AE減水剤	住友金属鉱山㈱ニッケル工場構内
17	工場建屋基礎	2013	$F_{2.5}$	20	24	54.0	4.5	15	326	176	230	676	902	AE減水剤	住友金属鉱山㈱ニッケル工場構内
18	工場事務所基礎	2013	$F_{2.5}$	10	30	51.0	4.5	15	341	174	119	833	871	AE減水剤	住友金属鉱山㈱ニッケル工場構内
19	工場建屋基礎	2014	$F_{2.5}$	10	24	55.0	4.5	15	307	169	126	851	882	AE減水剤	住友金属鉱山㈱ニッケル工場構内
20	防波堤上部工	2014	$B_{2.5}$	100	18	57.0	4.5	8	307	175	1075	0	985	AE減水剤	福島県

1) 生コンクリートの呼び強度または設計基準強度を示す.
2) スランプの値 8→12 は，ベースコンクリートのスランプ 8cm，流動化後のコンクリートのスランプ 12cm を示す.
* 高炉セメント B 種を示す.

表 4.2 銅スラグ細骨材を用いた暴露試験体概要と試験結果

No.	暴露場所	施工期間	CUS種類混合率	試験体種類	W/C (%)	スランプ (cm)	単位量 (kg/m³) セメント[1]	水	CUS[2]	普通砂	粗骨材	圧力強度 (N/mm²) 材齢28日 [I]	コア試験 材齢	コア試験 強度 [II]	[II]/[I]	備考
1	大分・佐賀関	1995 7月	C-100	テトラポッド 10t型[3]	61	8	262※	160	0	0	1061	34.5	2年6ヶ月	47.2	1.37	指針文献 No.23), 34), 50), 82)
2			C-50				259※	158	1147	405	1061	25.9		37.3	1.44	
3			0				256※	156	581	821	1061	21.4		29.9	1.40	
4		1995 8月	C-100				262	160	0	0	1061	34.8		44.0	1.26	
5			C-50				259	158	411	411	1061	30.5		36.6	1.22	
6			0				256	156	829	829	1061	26.9		29.1	1.08	
7			C-100	壁体ブロック (ポンプ圧送後)	55	18	333	183	0	0	1002	33.0	9ヶ月	50.7	1.54	23), 34), 50)
8			C-100			8→12	293	161	0	0	1064	33.4		53.5	1.60	
9		1995 7月	C-50			18	329	181	380	380	1002	28.9		41.9	1.45	
10			C-50			8→12	289	159	395	395	1064	31.0		41.4	1.34	
11			0			18	325	179	770	770	1002	29.2		34.0	1.16	
12			0			8→12	285	157	801	801	1064	27.9		31.5	1.13	
13			0	テトラポッド 5t型[3]	55	8	284	158	792	792	1069	34.6	1年	44.1	1.27	43), 69)
14		1996 12月	C-100				284	158	0	0	1069	37.9		48.6	1.28	
15			C-100				275	151	0	0	1104	42.0		47.4	1.15	
16			C-100		50.2		275	138	0	0	1126	46.6		62.7	1.35	
17			C-100		45	高流動	378	170	0	0	873	55.5		73.7	1.33	
18	玉野	1996 11月	0	大型ブロック	55	8	300※	149	784	784	1030	24.2	3ヶ月[5]	32.0	1.32	銅スラグ研究委員会資料
19			E-100				300※	149	0	0	1067	27.9		38.9	1.39	
20	東予	1989	F-90	護岸	55	12	360	198	100	100	915	24.6	5年9ヶ月	35.8	1.45	16), 17) 銅スラグ研究委員会資料
21		1990	F-90	擁壁	56.5	15	349	197	328	328	829	25.0	6年3ヶ月	40.7	1.63	
22		1990	F-50	護岸パラペット	56.5	12	350	198	440	440	796	24.6	5年6ヶ月	28.7	1.17	
23		1994	F-50	研究所	52.5	15	371	195	394	394	868	30.3	3ヶ月[5]	35.1	1.16	

1) ※は，高炉セメントB種を示す．
2) *は，粒独文CUS-0.3を示す．その他CUS2.5を使用．
3) 壁形の大型ブロックを別途製作し曝露試験体に使用．
4) スランプの値8→12は，ベースコンクリートのスランプ8cm，流動化のスランプ12cmを示す．
5) 材齢3ヶ月の圧縮強度試験は，円柱供試体による．

表 4.3 銅スラグ細骨材を用いたコンクリート構造体の暴露試験結果（銘柄F）[1]

No.	施工製造月日	配合概要[2] CUS混合率(%)	強度(N/mm²) 設計	強度(N/mm²) 28日	W/C (%)	スランプ (cm)	調査時期	試験材齢(月)	調査項目・結果 外観調査	中性化深さ	コア強度 N/mm²	コア強度 比[4]
表4.1-9[3]	H2年10月	100	-	35.4	40.4	-	H4年3月	17ヶ月	特記すべきひびわれなし	1mm以下（一部2mm程度）	46.7	1.32
							H7年12月	66ヶ月	同上	3mm以下（一部7mm程度）	56.3	1.56
表4.2-20	H1年10月	90	21	24.6	55	12	H4年3月	17ヶ月	特記すべきひびわれなし	1mm以下（表面のみ）	31.1	1.26
							H7年7月	69ヶ月	同上	1〜2mm（表面のみ）	35.8	1.46
表4.2-21	H2年4月	70	21	25.0	56.5	15	H4年9月	30ヶ月	特記すべきひびわれなし	1mm以下（表面のみ）	31.6	1.26
							H8年7月	75ヶ月	同上	1mm程度（表面のみ）	40.7	1.63
表4.2-22	H2年12月	50	21	24.6	56.5	12	H5年3月	17ヶ月	特記すべきひびわれなし	1mm以下（一部最大2mm）	31.8	1.29
							H7年12月	62ヶ月	微小ひびわれ一部発生	2〜3mm程度に進行	28.7	1.17

1) 試験場所：愛媛県 新居浜市 住友東予工場内．
2) 表4.1および表4.2参照．
3) 表4.1-9は，表4.1に示すNo.9資料を意味する．同様に表4.2-20は，表4.2に示すNo.20資料を意味する．以下同じ．
4) 調査時圧縮強度と材齢28日の圧縮強度との比．

5．消波用コンクリートブロックの容積計算例

　消波用コンクリートブロックは，質量の大きさがその機能を支配する．わが国では，消波用コンクリートブロックに要求される質量を計算する式として，式（5.1）に示すハドソン式が一般に使用されている．この式では，コンクリートブロックの最小質量に浮力の影響を考慮することになっており，密度が少しでも大きいと浮力の影響によって顕著な容積低減効果が得られる．図5.1は，コンクリートの単位容積質量と消波ブロックの容積比との関係を示したものであるが，銅スラグ細骨材混合率を100％としたコンクリートの単位容積質量が2.6 t/m^{3}の場合，一般のコンクリートの2.3 t/m^{3}に比較して，消波ブロックの所要の容積は約半分まで低減することができ，銅スラグ細骨材コンクリートの有利性が示されている．

$$W = \frac{\gamma_r H^3}{K_D(S_r-1)^3 \cot\alpha} \quad \cdots\cdots\cdots\cdots\cdots\cdots\cdots\cdots\cdots (5.1)$$

ここに，　W　　：コンクリートブロックの最小質量（t）
　　　　　γ_r　：コンクリートブロックの単位容積質量（t/m^3）
　　　　　H　　：設計計算に用いる波高（m）
　　　　　S_r　：コンクリートブロックの海水に対する単位容積質量
　　　　　　　　（$=\gamma_r/\gamma_\omega$，γ_ωは海水の単位容積質量 1.03 t/m^3）
　　　　　α　　：斜面が水平面となす角度（度）（一般に，Cot α＝1.3〜1.5）
　　　　　K_D　：被覆材および被害率によって定まる定数（一般に8.3）

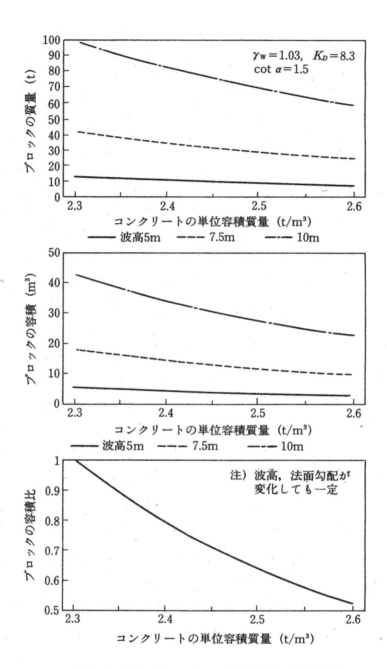

図 5.1 消波ブロックへの適用効果（計算例）

付録 Ⅱ

非鉄スラグ製品の製造・販売管理ガイドライン

　日本鉱業協会は，非鉄スラグ製品の製造販売が適正に実施され廃掃法，環境安全品質等に関する不具合の防止対策として「非鉄スラグ製品の製造・販売ガイドライン」を規定している．非鉄スラグ製品の取り扱いを行う上での参考資料として付録Ⅲとして掲載した．なお，本ガイドラインは日本鉱業協会のHPに掲示されている．〈 ホームページ：**www.kogyo-kyokai.gr.jp/** 〉

非鉄スラグ製品の製造・販売管理ガイドライン

1. 主 旨

　日本鉱業協会スラグ委員会の各会員（以下「各会員」という．）が非鉄スラグ製品（ここで非鉄スラグとは、フェロニッケルスラグ、銅スラグ、亜鉛スラグをいう．）を製造・販売するにあたり、取引を円滑に行うとともに、需要家（ここで需要家とは、各会員が行う非鉄スラグ製品の販売先のみではなく、非鉄スラグ製品の使用方法や施工方法を実質的に決定する者を含むものとする．また、ここで各会員の販売先とは、売買契約によって非鉄スラグ製品を購入する者をいう．）での利用に際し、適切な使用がなされるために、製造・販売者として遵守すべき事項を、本ガイドラインで定める．

　なお、フェロニッケルスラグとは、JIS A 5011-2 の規定に準じ、ニッケル鉱石等を原料としてフェロニッケルを製造する際に副生するスラグを指し、銅スラグとは、JIS A 5011-3 の規定に準じ、銅精鉱等を原料として銅を製造する際に副生するスラグを指し、亜鉛スラグとは、亜鉛製錬所で亜鉛を製造する際に副生するスラグを指す．また、非鉄スラグ製品の使用方法や施工方法を実質的に決定する者とは、施主、施工業者、設計コンサルタントなどを指す．

　なお、各会員とは、日本冶金工業㈱、大平洋金属㈱、住友金属鉱山㈱、三菱マテリアル㈱、パンパシフィック・カッパー㈱、三井金属鉱業㈱、DOWA メタルマイン㈱を指す．

　また、対象となる製造・販売する関係会社は、日本冶金工業㈱大江山製造所、宮津海陸運輸㈱、大平洋金属㈱八戸本社（製造所）、住友金属鉱山㈱東予工場、㈱日向製錬所、住鉱物流㈱、日比共同製錬㈱、パンパシフィック・カッパー㈱佐賀関製錬所、小名浜製錬㈱、三菱マテリアル㈱直島製錬所、八戸製錬㈱、三池製錬㈱とする．

　なお，本ガイドラインは，日本鉱業協会が非鉄スラグ製品の製造販売管理が適切に行われることを目的に規定したものである．

2. 非鉄スラグ製品の適用範囲

2-1. 非鉄スラグ製品

本ガイドラインは、各会員及び製造・販売する関係会社が製造・販売する全ての非鉄スラグ製品に適用する．

(1) 非鉄スラグの用途は、別紙 1－非鉄スラグ製品の使用場所・用途に示されているものに限定し、それ以外の用途に使用してはならない．新たな用途を追加する場合は、各会員が、日本鉱業協会に申請・協議し追加するものとする．

(2) 非鉄スラグ製品は、製造を行う主体により下記の様に区分する．

① 各会員及び製造・販売する関係会社が自ら非鉄スラグのみで製品を製造する場合

各会員及び製造・販売する関係会社が自ら非鉄スラグのみで非鉄スラグ製品を製造する場合には、その製品を本ガイドラインにおける非鉄スラグ製品とする．

② 各会員及び製造・販売する関係会社が自ら他の材料と混合調製（非鉄スラグを破砕・整粒し、他材と混合し、非鉄スラグ製品を加工・製造すること）する場合

各会員及び製造・販売する関係会社が自ら非鉄スラグ（他の各会員及び製造・販売する関係会社から購入したものを含む）と他の材料を混合調製した後、そのままの状態で使用される場合には、混合調製後の製品を本ガイドラインにおける非鉄スラグ製品とする．

③ 各会員及び製造・販売する関係会社が販売した後、各会員及び製造・販売する関係会社以外の第三者が他の材料と混合調製する場合

各会員及び製造・販売する関係会社が非鉄スラグを各会員及び製造・販売する関係会社以外の第三者に販売した後で、各会員及び製造・販売する関係会社以外の第三者が非鉄スラグと他の材料を混合調製した場合は、非鉄スラグ製品の対象外とする．但し、各会員及び製造・販売する関係会社は販売に際し、第三者が遵守すべき事項（混合率等の使用条件等）を提示し、その内容について第三者との契約を取り交わさなければならない．

また、第三者が契約時に締結した事項が確実に実施されている事を確認しなければならない．

(3) 各会員及び製造・販売する関係会社が非鉄スラグをブラスト材として販売する場合、使用後、廃掃法等を遵守し処理されることを確認しなければならない．

2-2. 廃棄物として処理される非鉄スラグの扱い

各会員及び製造・販売する関係会社は、使用場所・用途に応じて適用する品質及び環境安全品質を満たさない非鉄スラグは非鉄スラグ製品として販売しない．「廃棄物の処理及び清掃に関する法律」に従って、適正に処理しなければならない．

3. 各会員及び製造・販売する関係会社の責務

各会員及び製造・販売する関係会社は、本ガイドラインに定める事項に従い、自社の「非鉄スラグ製品に関わる管理マニュアル」を整備するものとし、非鉄スラグ製品の製造・販売にあたっては、本ガイドライン並びに当該自社のマニュアルを遵守しなければならない．

各会員及び製造・販売する関係会社は、本ガイドライン等を遵守することを通じて、法令遵守はもとより、非鉄スラグ製品の品質に対する懸念、非鉄スラグ製品に起因する生活環境の保全上の支障が発生するおそれ等を未然に防止するとともに、非鉄スラグ製品への信頼の維持・向上に努めなければならない．

4. 非鉄スラグ製品の品質管理

4-1. 備えるべき環境安全品質

① 各会員及び製造・販売する関係会社は、非鉄スラグ製品が備えるべき環境安全品質として、法律、法律に基づく命令、条例、規則及びこれらに基づく通知（以下「法令等」という.）、JIS、国・自治体の各種仕様書や学会・協会等の最新の要綱・指針で定められているものがある場合は、これを遵守しなければならない.

② 各会員及び製造・販売する関係会社は、非鉄スラグ製品の使用場所を管轄する自治体が定めるリサイクル認定等の独自の認定制度に適合する製品として、非鉄スラグ製品を販売するときは、当該認定に関して自治体が定める環境安全品質基準に従わなければならない.

③ 各会員及び製造・販売する関係会社は、法令等、JIS、国・自治体の各種仕様書や学会・協会等の最新の要綱・指針などに明確な環境安全品質の定めがない場合は、非鉄スラグ製品の環境安全品質の適合性については、使用される場所等や用途に応じて適用される基準（別紙 2－非鉄スラグ製品の使用場所・用途に応じて適用する環境安全品質基準参照）を遵守しなければならない.

4-2. 前項の環境安全品質以外の品質規格等

① 非鉄スラグ製品が備えるべき品質規格等として、法令等、JIS、国・自治体の各種仕様書や学会・協会等の最新の要綱・指針等で定められているものがある場合は、各会員及び製造・販売する関係会社は、これを遵守しなければならない.

② 各会員及び製造・販売する関係会社は、非鉄スラグ製品の使用場所を管轄する自治体が定めるリサイクル認定等の独自の認定制度に適合する製品として、非鉄スラグ製品を販売するときは、当該認定に関して自治体が定める品質規格等に従わなければならない.

③ 法令等、JIS、国・自治体の各種仕様書や学会・協会等の最新の要綱・指針等で明確な品質規格等の定めがない場合は、各会員及び製造・販売する関係会社は、需要家との間で品質規格等を取り決め、これを遵守しなければならない.

4-3. 出荷検査

非鉄スラグ製品の出荷検査は、原則として、各会員及び製造・販売する関係会社により、JIS または需要家との間の取り決めに従い行われることとする.

但し、非鉄スラグ製品の環境安全品質に係る環境安全形式検査は、JIS Q 17025 若しくは JIS Q 17050-1 及び JIS Q 17050-2 に適合している試験事業者、または環境計量証明事業者として登録されている分析機関により、別紙 2 に示す試験頻度で実施しなければならない. 環境安全受渡検査は、社内分析で行ってもよい. 但し、JIS Q 17025 若しくは JIS Q 17050-1 及び JIS Q 17050-2 に適合している試験事業者、または環境計量証明事業者として登録されている分析機関での分析を 1 年に 1 回以上行い、社内分析の検証を行うことが必要である. 別紙 2 に示す製造ロットとは、工場ごとの製造実態、品質管理実態に応じて、各会員及び製造・販売する関係会社が規定するものとする.

また、その結果に係る記録については、少なくとも 10 年以上の保管期限を定めて保管されなければならない. なお、以下に示す保管記録は、電子データでも可とする. また、本ガイドラインにおいての環境計量証明事業者とは、計量法に基づく計量証明の事業区分が「水又は土壌中の物質の濃度に係わる事業」の登録を受けた者とする.

また、需要家から要求があった場合には、各会員及び製造・販売する関係会社は、環境安全品質に係る記録を提出することとする.

5. 非鉄スラグ製品の置場・保管管理

各会員及び製造・販売する関係会社は、スラグ専用置場を設けて、置き場外への流出や異物が混入しないよう、また、周辺地域への飛散などによる悪影響を避けるなどの対策を講じて、適切な保管管理を行う．仮設の置き場を設置する場合には、特に置き場外への飛散防止や異物混入防止に留意し、適切に管理を行うものとする．

6. 非鉄スラグ製品の販売管理

6-1. 非鉄スラグ製品の用途指定

各会員及び製造・販売する関係会社は、非鉄スラグ製品が、適切に有効活用されるように、別紙1の用途にのみ販売するものとする．

6-2. 需要家の審査

各会員及び製造・販売関係会社は、需要家の用途などの適合性を審査し、適合した需要家にのみ販売するものとする．また、以下の項目について需要家の審査を行う．販売先が需要家と異なる場合は、販売先と需要家について審査するものとする．

■ 審査事項
- 当該取引の用途などの内容説明にあいまいな点の有無
- 各会員及び製造・販売する関係会社の社内コンプライアンス規定に基づく確認
- 需要家の過去の行政処分情報（入札停止処分等）の有無、（内容の確認）
- 需要家の過去の取引履歴における問題の有無
- 需要家の会社の業務内容、経営情報に不審な点の有無

6-3. 受注前

(1) 需要家への品質特性の説明

各会員及び製造・販売する関係会社は、需要家から非鉄スラグ製品の引き合いがあった場合は、需要家が法令を遵守するとともに、不適切な使用により生じ得る環境負荷に関する理解を深めるために、用途に応じてパンフレットや技術資料を提供するなど、需要家に対して書面で非鉄スラグ製品の品質特性と使用上の注意事項を説明しなければならない．

(2) 受注前現地調査要否の判断、受注可否の判断、施工中及び施工後の調査要否の判断

各会員及び製造・販売する関係会社は、需要家から非鉄スラグ製品の引き合いがあった場合は、需要家から使用場所（運送、施工中の一時保管場所を含む．以下同じ）、使用状態、施工内容、施工方法などの説明を受けた上で、使用場所の現地調査の要否を判断し、必要と判断される場合には現地調査をおこなわなければならない．当該現地調査を踏まえ、事前に関係者間で協議した結果、施工中（一時保管場所を含む）、施工後を通じて必要な対策を講じてもなお、法令違反を惹起する疑い、または生活環境の保全上の支障が発生するおそれがある場合は、各会員及び製造・販売する関係会社は、販売を見合わせなければならない．また、販売可能と判断したものについて、各会員及び製造・販売する関係会社は、施工中・施工後の調査の要否を判断し、必要と判断される場合には施工中・施工後の調査をしなければならない．

使用場所の現地調査項目は、各会員及び製造・販売する関係会社にて、予め定めるものとする．

受注前現地調査により販売可能と判断した場合においても、各会員及び製造・販売する関係会社は、施

工中及び施工後の留意点について、需要家に説明するとともに、必要に応じて行政・近隣住民との事前協議を行うこととする．

(3) 受注前現地調査の実施基準、受注可否の判断基準、施工中及び施工後の調査の実施基準
　① 使用場所の受注前現地調査の実施基準
　② 受注前現地調査の結果に基づいた受注可否判断基準
　③ 施工中・施工後の現地調査の実施基準は、各会員及び製造・販売する関係会社にて予め定めるものとする．但し、少なくとも 3,000t 以上の案件については、各会員及び製造・販売する関係会社は、受注前現地調査を実施しなければならない．

(4) 販売上の留意点
　① 各会員及び製造・販売する関係会社は、非鉄スラグ製品の販売において、販売先に対し、有償で販売しなければならない．

　　各会員及び製造・販売する関係会社が支払う運送費や業務委託費等が販売代金以上となるおそれがある場合は、各会員及び製造・販売する関係会社は、販売先以外の第三者を運送業者や業務委託先等として選定しなければならない．

　② 出荷場所と使用場所の関係から、運送費が販売代金以上となるおそれがある場合は、各会員及び製造・販売する関係会社は、あらかじめ複数の運送業者から見積もりを取るなど運送費の妥当性を検証しなければならない．

　③ 各会員及び製造・販売する関係会社は、販売した非鉄スラグ製品は原則転売・転用を禁止とし、転売・転用をする場合は販売者の了解を得ることを購入者に書面にて周知徹底しなければならない．

(5) 受注前現地調査、需要家との面談等の記録

　　受注前現地調査、需要家との面談、需要家に非鉄スラグ製品の品質特性と使用上の注意事項の説明を行った事実等については、各会員及び製造・販売する関係会社は、予め各会員にて定める様式により記録に留め、少なくとも納入完了から 10 年以上の保管期限を定めて保管しなければならない．

　　また、需要家との間で取り決めた品質規格等については、各会員及び製造・販売する関係会社は、書面で需要家に提出しなければならない．

　《 調査項目 》
　　　①調査年月日
　　　②工事名
　　　③施工場所
　　　④施主名
　　　⑤施工業者名
　　　⑥用途：具体的な用途を記入
　　　⑦規格、非鉄スラグ製品の種類
　　　⑧納入時期・工期
　　　⑨数　量
　　　⑩他のリサイクル材との共同使用の有無
　　　⑪施工場所の状況
　　　⑫施工中の保管場所
　　　⑬輸送方法、輸送中の一時保管場所

《 決定項目 》
① 施工中状況調査の要否
② 施工後の追跡調査の要否

(6) 新規納入事案に対する社内承認

　　各会員及び製造・販売する関係会社は、量の多少を問わず、新規納入事案については、事前入手情報・現地調査結果等を基に各社で定める審査・承認を受ける．審査結果は様式に定めるところに記入し、関係者回覧の上、期限を定めて保管する．

6-4. 受注・納入

(1) 受注を決定し、非鉄スラグ製品を納入する場合には、各会員及び製造・販売する関係会社は、需要家との契約条件に従って試験成績表を提出しなければならない．

(2) 非鉄スラグ製品が使用される場所に応じて適用される環境安全品質とそれへの適合性については、各会員及び製造・販売する関係会社は、契約書あるいはその他の方法で需要家に提示しなければならない．コンクリート用銅スラグ骨材及びアスファルト混合物用銅スラグ骨材は、環境安全形式検査成績表と混合率の上限を提出しなければならない．

(3) 各会員及び製造・販売する関係会社は、非鉄スラグ製品を納入する場合は、法に基づき、需要家に化学物質等安全データシート（英: Material Safety Data Sheet、略称 MSDS）あるいは安全性データシート（英: Safety Data Sheet、略称 SDS）を発行しなければならない．

6-5. 非鉄スラグ製品の運送

非鉄スラグ製品の運送に際しては、各会員及び製造・販売する関係会社は、代金受領、運搬伝票等で非鉄スラグ製品が確実に需要家に届けられたこと確認しなければならない．また、需要家が製造元及び販売元を確認できるように、納入伝票等には、製造元及び販売元の各会員名称を記載しなければならない．

6-6. 施工中の調査

(1) 各会員及び製造・販売する関係会社は、必要に応じて施工場所（運送、一時保管を含む）の調査を実施しなければならない．特に、粉塵対策が重要である．但し、3,000t 以上の案件については、各会員及び製造・販売する関係会社は、施工中の調査を必ず実施しなければならない．なお、各会員及び製造・販売する関係会社は、施工中の調査結果を記録に留め、少なくとも 10 年以上の保管期限を定め保管しなければならない．

(2) 状況確認の結果、運送、保管、施工に際して、非鉄スラグ製品の取扱い等に不具合が認められる場合は、各会員及び製造・販売する関係会社は、必ず需要家に正しい取扱い方法について注意喚起し、それを記録に留め、少なくとも 10 年以上の保管期限を定めて保管しなければならない．また、必要に応じて行政庁と協議し、それを記録に留め、少なくとも 10 年以上の保管期限を定めて保管しなければならない．

　　特に、施工中の非鉄スラグ製品の各会員及び製造・販売する関係会社および需要家による製造事業所外での一時保管については、各会員及び製造・販売する関係会社は、定期的に見回り調査を実施し、粉塵対策等の実施状況を調査・点検し、記録するとともに、各会員及び製造・販売する関係会社および需要家による一時保管において在庫過多による野積みが生じないよう、各会員及び製造・販売する関係会社および需要家での在庫は使用量の 3 ヵ月分を上限の目処とする．3 ヵ月以上の長期間にわたり利用されずに放置されている場合には、各会員及び製造・販売する関係会社は、速やかにその解消を指導し、指導に従わない場合は、行政と相談の上、撤去を含め、速やかな対策を講じなければならない．

(3) 6-3 (2)で受注前に施工中の調査を不要と判断したものについても、問題発生のおそれのあるものにつ

いては、各会員及び製造・販売する関係会社は、調査を実施しなければならない．

7. 施工後の調査

(1) 各会員及び製造・販売する関係会社は、施工場所や利用用途等の特徴に応じて、施工後の調査の期間、頻度についての判断基準を定めなければならない．また、各会員及び製造・販売する関係会社は、施工後の施工場所の状況に応じて、調査期間の延長や頻度の見直しを実施しなければならない．但し、少なくとも 3,000t 以上の案件については、各会員及び製造・販売する関係会社は、施工後の調査を実施しなければならない．

なお、ケーソン中詰材、SCP 等の事後確認が不可能な場合は、施工中の確認で代用してもよい．

(2) 事前の現地調査で施工後の調査が必要と判断された場合は、各会員及び製造・販売する関係会社は、需要家と相談の上、施工後の調査を、必要な期間、必要な頻度で行い、調査結果を記録に留め、少なくとも 10 年以上の保管期限を定め保管しなければならない．

(3) 施工後の調査の結果、施工後使用場所に環境への影響が懸念される場合は、各会員及び製造・販売する関係会社は、速やかに需要家と協議し、それが非鉄スラグ製品の品質に起因する場合、必要な措置を講じなければならない．需要家における使用が原因の場合、各会員及び製造・販売する関係会社は、需要家に対して、必要な注意喚起を行わなければならない．これらにあたり、各会員及び製造・販売する関係会社は、必要に応じ行政と協議することとする．各会員及び製造・販売する関係会社は、これらについて記録に留め、少なくとも 10 年以上の保管期限を定め保管しなければならない．

(4) 各会員及び製造・販売する関係会社は、施工後の調査を必要なしと判断した案件においても、使用場所に異常が認められた場合は、前項に準じる．

8. 行政・住民等からの指摘・苦情等が発せられたとき及びその懸念が生じたときの対応

非鉄スラグ製品の運送・一時保管・施工中・施工後の一連のプロセスにおいて、行政・住民等からの指摘・苦情等が発せられたとき、またはその懸念が生じたときは、その原因が非鉄スラグ製品に起因するか否かを問わず、各会員及び製造・販売する関係会社は、需要家と協力して速やかに原因究明にあたるとともに、非鉄スラグ製品に起因する場合は、需要家と、必要に応じて行政・住民等と協議の上適切な対策をとることとし、需要家その他の関係者の行為に起因する場合には、必要に応じ当該関係者に注意喚起を行い、必要に応じて行政庁と協議することとする．

また、非鉄スラグ製品に起因するか否かを問わず、各会員及び製造・販売する関係会社は、非鉄スラグ製品に対する信頼・評価が毀損されることがないよう適切かつ迅速な対応を図ることとする．これらの対応は各会員及び製造・販売する関係会社が主導し、販売会社と相互協力して行うこととする．本項の措置については記録に留め、少なくとも 10 年以上の保管期限を定め保管しなければならない．

行政・住民等からの重大な指摘・苦情等が発せられたときは、日本鉱業協会に報告する．

9. マニュアルの整備と運用遵守状況の点検及び是正措置

各会員及び製造・販売する関係会社は、本ガイドラインに定める事項を、自社の非鉄スラグ製品に関わる管理マニュアルとして整備しなければならない．

各会員及び製造・販売する関係会社は、ガイドライン及びマニュアルの社内教育を定期的に実施し、自社のマニュアルの規定に従い運用しているかどうか、保管すべき記録を保管しているかどうか等マニュア

ルの運用遵守状況について、定期的に点検を行い、不適正な運用がなされている場合には是正措置を講じなければならない．なお、教育・点検及びその是正措置については記録に留め、少なくとも10年以上の保管期限を定め保管しなければならない．

また、各会員及び製造・販売する関係会社は、需要家（販売会社や販売代理店を含む）に対しても、ガイドライン及びマニュアルの教育を実施し、非鉄スラグ製品の製造・販売に関わる遵守事項を周知徹底することとする．

10. 日本鉱業協会への報告と点検

(1) 各会員及び製造・販売する関係会社は、ガイドラインに基づく自社及び製造・販売関係会社の活動状況を半期毎に日本鉱業協会に報告しなければならない．

(2) 各会員及び製造・販売する関係会社は、自社の運用マニュアルに基づいた運用状況を確認するために、第三者機関による監査を1年に1回定期的に実施することとする．

(3) 日本鉱業協会は、各社から提出された半期ごとの報告及び1年毎の第三者機関による監査報告書を有識者の助言を得て確認するものとする．

11. ガイドラインの定期的な点検・整備

本ガイドラインは、有識者の助言を得て少なくとも1回/年の点検を行い、日本鉱業協会は必要に応じて改正を行う．

〈 本ガイドライン制定・改正 〉
　２００５年　９月３０日制定
　２００８年　２月　１日改正
　２０１５年　９月３０日改正
　２０１６年　２月２５日改正

以　上

別紙1

非鉄スラグ製品の使用場所・用途

使用可： ○
使用不可： —

用途			非鉄スラグ		
大区分	中区分	小区分	フェロニッケルスラグ	銅スラグ	亜鉛スラグ
コンクリート工	一般用途	細骨材	○	○	—
		粗骨材	○	—	—
		レジコン用混和剤	○	—	—
	港湾用途	細骨材	○	○	—
		粗骨材	○	—	—
コンクリート製品		細骨材	○	○	—
舗装工	アスファルト混合物	アスファルト混合物用骨材	○	○	—
	路盤材	路盤材用骨材	○	—	—
		路盤材	○	—	—
	路床材	路床材用骨材	○	—	—
		路床材	○	—	—
土工	一般用途	盛土材,覆土材,積載盛土材	○	—	—
		造成材、埋戻材	○	—	—
		地盤改良材	○	—	—
		その他	○	—	—
	港湾用途	ケーソン中詰材	○	○	○
		地盤改良材	○	○	—
		裏込材	○	○	—
		藻場,浅場,干潟、覆砂材	○	—	—
		埋立材、裏埋材	○	—	—
建築用途		建材用原料	○	○	○
		建築資材	○	—	—
ブラスト材		サンドブラスト材	○	○	○
原料		鋳物砂	○	—	—
		セメント用原料	○	○	○
		肥料材料	○	—	—
		造滓材	○	—	—
		製鉄用鉄源	—	○	—
		溶接用フラックス	○	—	—

非鉄スラグ製品の製造・販売ガイドラインの環境安全品質基準

別紙2

大区分		小区分	試料の種類	判定基準 フェロニッケルスラグ	判定基準 銅スラグ	判定基準 亜鉛スラグ	試験方法	分析項目	試験頻度	根拠
コンクリート用	一般	細骨材	<環境安全形式検査> スラグ骨材又は利用模擬材料 <環境安全受渡検査> スラグ骨材料	<環境安全品質基準> 県境安全品質基準 (土壌環境基準) 県境安全受渡判定値	<環境安全品質基準> 県境安全品質基準 (港湾用溶出量基準) 県境安全受渡判定値		JIS K 5011-2.3	<環境安全形式検査> FNS・CUS 8項目 (Cd,Pb,Cr(VI),As,Hg,Se,B) <環境安全受渡検査> FNS：1項目 (F) CUS：3項目 (Cd,Pb,As)	<環境安全形式検査> 1回/3年以内 <環境安全受渡検査> 1回/製造ロット	FNS JIS A 5011-2 CUS JIS A 5011-3
		粗骨材								
		レジコン用混和剤								
	港湾	細骨材	<環境安全形式検査> スラグ骨材又は利用模擬材料 <環境安全受渡検査> スラグ骨材料	<環境安全品質基準> 県境安全品質基準 (港湾用溶出量基準) 県境安全受渡判定値	<環境安全品質基準> 県境安全品質基準 (港湾用溶出量基準) 県境安全受渡判定値		JIS K 5011-2.3	<環境安全形式検査> FNS・CUS 8項目 (Cd,Pb,Cr(VI),As,Hg,Se,B) <環境安全受渡検査> FNS：1項目 (F) CUS：3項目 (Cd,Pb,As)	<環境安全形式検査> 1回/3年以内 <環境安全受渡検査> 1回/製造ロット	FNS JIS A 5011-2 CUS JIS A 5011-3
		粗骨材								
		レジコン用混和剤								
コンクリート製品		細骨材	同上	同上	同上		同上	同上	同上	同上
道路用	アスファルト混合物	アスファルト混合物用骨材	<環境安全形式検査> スラグ骨材又は利用模擬材料 <環境安全受渡検査> スラグ骨材料	<環境安全品質基準> 県境安全品質基準 県境安全受渡判定値	<環境安全品質基準> 県境安全品質基準 県境安全受渡判定値		JIS K 5011-2.3	<環境安全形式検査> FNS・CUS 8項目 (Cd,Pb,Cr(VI),As,Hg,Se,B) <環境安全受渡検査> FNS：1項目 (F) CUS：3項目 (Cd,Pb,As)		土壌環境基準・建築分野の規格への環境側面の導入に関する指針
	路盤材	路盤材用骨材	<環境安全形式検査> 利用模擬材料		<環境安全形式検査> 環境安全受渡判定値 <環境安全受渡検査> 環境安全受渡判定値		JIS K 0058-1.2	<環境安全形式検査> FNS 8項目 (Cd,Pb,Cr(VI),As,Hg,Se,B) <環境安全受渡検査> FNS：1項目 (F)	<環境安全形式検査> 1回/3年以内 <環境安全受渡検査> 1回/製造ロット	付属書II 直轄地スラグに係る環境安全性の質及びその検査方法を導入するための指針(暫定的に適用)
	路盤材	その他								
	路床材	路床材用骨材								
土工用	一般	埋立材 盛土材、裏土材、構築物土材	非鉄スラグ試料	土壌汚染対策法・土壌環境基準	港湾用溶出量基準		環告18、19号	8項目 (Cd,Pb,Cr(VI),As,Hg,Se,B)	1回/製造ロット	土壌汚染対策法・土壌環境基準
		路床材								
		地盤改良材								
		その他								
	港湾	ケーソン中詰材	非鉄スラグ試料	土壌汚染対策法・土壌環境基準 (港湾用溶出量基準※1)	土壌汚染対策法・土壌環境基準 (港湾用溶出量基準※1)		JIS K 0058-1 (JIS K 0058-1.2) 環告18、19号	8項目 (Cd,Pb,Cr(VI),As,Hg,Se,B)	1回/製造ロット	港湾用途基準・建築分野の規格への環境側面の導入に関する指針（暫定版に適用）
		埋立材、裏埋材								
		裏込材、根固、干渉護岸材								
建築用		埋立用原料	非鉄スラグ原料	土壌汚染対策法・土壌環境基準	土壌汚染対策法・土壌環境基準		環告18、19号	8項目 (Cd,Pb,Cr(VI),As,Hg,Se,B)	1回/製造ロット	土壌汚染対策法・土壌環境基準
		建築骨材	非鉄スラグ原料	土壌汚染対策法・土壌環境基準	土壌汚染対策法・土壌環境基準					土壌汚染対策法・土壌環境基準
プラスト材		サンドブラスト材	非鉄スラグ原料	使用者と協議により決定	使用者と協議により決定	廃棄物後の処理は、廃棄物の処理及び清掃に関する法律の基準遵守	環告18、19号	8項目 (Cd,Pb,Cr(VI),As,Hg,Se,B)		
原料		セメント用原料	非鉄スラグ原料	原料としての納入である。協議により決定	原料としての納入である。協議により決定	再生用途の処理は、商業流通用を含む				
		鋳物材	非鉄スラグ原料	原料としての納入である。協議により決定	原料としての納入である。協議により決定					
		肥料原料	非鉄スラグ原料	原料としての納入である。協議により決定	原料としての納入である。協議により決定					
		融剤原料	非鉄スラグ原料	原料としての納入である。協議により決定	原料としての納入である。協議により決定					
		製錬用原料	非鉄スラグ原料	原料としての納入である。協議により決定	原料としての納入である。協議により決定					
		溶鉱用フラックス	非鉄スラグ原料	原料としての納入である。協議により決定	原料としての納入である。協議により決定					

※1：土壌と明確に区分されている場合は港湾用溶出量基準を適用する。

付録 Ⅲ

フェロニッケルスラグ細骨材および銅スラグ細骨材混合率確認方法

1. はじめに

普通細骨材とフェロニッケルスラグ細骨材（以下「FNS」という）．または，銅スラグ細骨材（以下「CUS」という）．とを，あらかじめ混合した細骨材を用いる場合には，品質管理のためにFNS混合率または銅スラグ細骨材混合率を調べる必要が生じることがある．すなわち，混合細骨材のフェロニッケルスラグ細骨材混合率または銅スラグ細骨材混合率が不明である場合の混合率の推定および混合細骨材の混合の均一性を調べることが考えられる．このような場合に，フェロニッケルスラグ細骨材混合率または銅スラグ細骨材混合率測定方法が必要となる．

ここに示す混合率の確認方法は，普通細骨材とスラグ細骨材の化学成分の違いに着目し，蛍光X線分析装置を使用した混合率の測定と，密度差が大きいことに着目した混合率の推定を行うものである．尚、本混合率確認方法は，日本鉱業協会が確立したものである．

2. 蛍光X線分析装置による混合率測定方法

2.1 試験方法の考え方

フェロニッケルスラグ細骨材は化学成分として，普通骨材が含有しないマグネシウム(MgO)鉄(FeO)を表1に示すように含有する．本成分について蛍光X線分析装置を利用して分析すると，混合砂のフェロニッケルスラグ細骨材混合率の試験ができることとなる．また、銅スラグ細骨材は化学成分として，普通骨材が含有しない鉄(FeO)を表2に示すように含有する．本成分について蛍光X線分析装置を利用して分析すると，混合砂の銅スラグ細骨材混合率の試験ができることとなる．

表1. フェロニッケルスラグ細骨材の化学成分

製錬所名	酸化マグネシウム（MgO）（%）		全鉄（FeO）（%）	
	平均値	最小～最大	平均値	最小～最大
A	30.1	28.9～30.9	6.65	5.99～7.60
B	33.5	31.1～36.0	7.46	5.81～9.07
C	32.0	30.8～32.9	10.65	9.54～11.90

表2. 銅スラグ細骨材の化学成分

製錬所名	全鉄(FeO)(%)	
	平均値	最大～最小
A	46.3	45.0～48.0
B	42.9	41.0～46.0
C	51.0	48.8～53.1
E	48.8	46.7～50.6
F	39.6	38.5～40.8

2.2 試験方法の検証
2.2.1 フェロニッケルスラグ細骨材骨材混合率の測定方法

フェロニッケルスラグ細骨材と海砂を混合したフェロニッケルスラグ細骨材混合率とMg, FeのX線強度を図1, 2に示す．強い相関が認められ，測定方法として使用できることを示している．

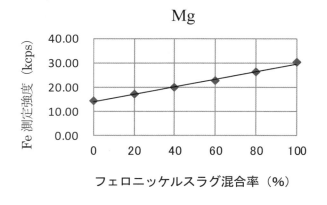

図1　フェロニッケルスラグ細骨材混合率とMgのX線強度

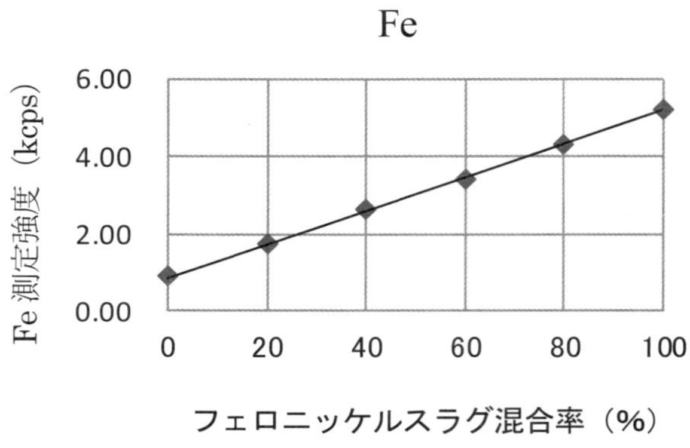

図2　フェロニッケルスラグ細骨材混合率とFeのX線強度

2.2.2 銅スラグ細骨材骨材混合率の測定方法

大阪地区で一般的な海砂，石灰石砕砂，硬質砂岩砕砂と銅スラグ細骨材を重量比（40：20：20：20）で混合した銅スラグ細骨材混合率とFeのX線強度の一例を図3に，名古屋地区で一般的な砕砂と銅スラグ細骨材を混合した銅スラグ細骨材混合率とFeのX線強度の一例を図4に示す．いずれも，強い相関が認められ，測定方法として使用できることを示している．

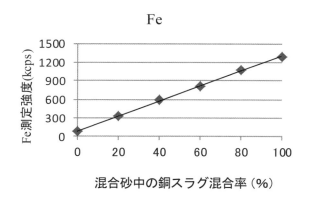
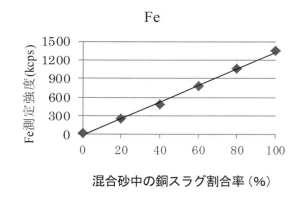

図3　銅スラグ細骨材混合率とFeのX線強度

図4　銅スラグ細骨材混合率とFeのX線強度

3. 絶乾密度測定による混合率の推定
3.1 試験方法の考え方

フェロニッケルスラグ細骨材の絶乾密度は，製造所により多少の差はあるが表3に示すように2.70～3.06g/cm^{3}の範囲に分布している．また，銅スラグ細骨材の絶乾密度は，製造所により多少の差はあるが表4に示すように3.42～3.57g/cm^{3}の範囲に分布している．一方，普通骨材の絶乾密度は，地域および産地などによって変化し，全国の生コンクリート工場における骨材の品質実態の調査によれば，図5に示すようにほぼ2.46～2.73g/cm^{3}の範囲に

分布している．したがって，普通骨材とフェロニッケルスラグ細骨材，銅スラグ細骨材の絶乾密度には絶対的な差がありフェロニッケルスラグ細骨材，銅スラグ細骨材混合骨材の絶乾密度を測定することによりフェロニッケルスラグ細骨材混合率，銅スラグ細骨材混合率の簡易な推定を行う事ができるといえる．

表3　フェロニッケルスラグ細骨材の絶乾密度

製造所名	骨材呼び名	絶乾密度(g/cm³)	
		平均値	最小～最大
A	FNS1.2	3.05	3.04～3.06
B	FNS5	2.92	2.87～3.01
	FNS5-0.3	2.78	2.70～2.89
C	FNS5	2.99	2.97～3.04

表4　銅スラグ細骨材の絶乾密度

製錬所名	骨材呼び名	絶乾密度(g/cm³)	
		平均値	最大～最小
A	CUS5-0.3	3.48	3.42～3.54
B	CUS5-0.3	3.48	3.47～3.49
	CUS2.5	3.48	3.47～3.50
C	CUS5-0.3	3.56	3.55～3.57
D	CUS5-0.3	3.47	3.46～3.49
E	CUS2.5	3.48	3.46～3.50

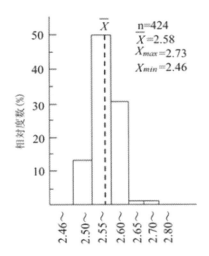

図5　普通細骨材の比重の分布（全国）

（出展：赤井公昭，豊福俊康：骨材の地域特性－全国コンクリート工場使用骨材の品質実態－，コンクリート工学，Vol. 17. No. 8. 1979）

3.2 試験方法の検証
3.2.1 フェロニッケルスラグ細骨材混合率の推定

FNS1.2と海砂およびFNS5と石灰砕砂の混合率と絶乾密度の関係の一例を図6に示す．粒度が異なるFNS1.2と海砂は，混合率と絶乾密度に相関が認められた．また，粒度が似通った石灰砕砂とFNS5は，混合率と絶乾密度に強い相関が認められた．以上のことから混合前のフェロニッケルスラグ細骨材と混合した普通骨材の絶乾密度が明らかな場合，フェロニッケルスラグ細骨材混合砂の絶乾密度を測定することでフェロニッケルスラグ細骨材混合率の推定ができることが検証された．

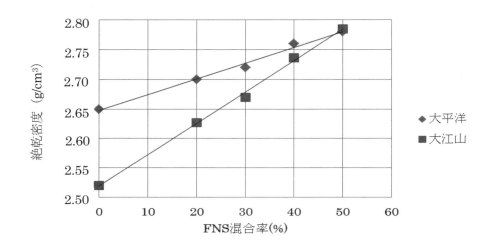

図6　フェロニッケルスラグ細骨材混合率と絶乾密度の関係

3.2.3 銅スラグ細骨材混合率の推定

CUS2.5と海砂+砕砂およびCUS2.5と山砂の混合率と絶乾密度の関係の一例を図7に示す．混合率と絶乾密度に強い相関が認められた．以上のことから混合前の銅スラグ細骨材と混合した普通骨材の絶乾密度が明らかな場合，銅スラグ細骨材混合砂の絶乾密度を測定することで銅スラグ細骨材混合率の推定ができることが検証された．

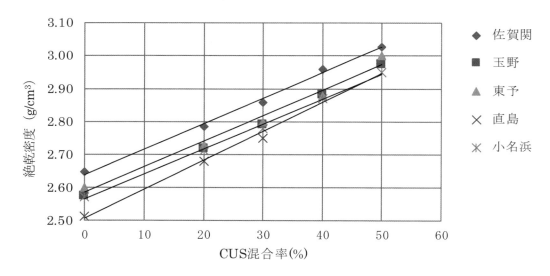

図7　銅スラグ細骨材混合率と絶乾密度の関係

4. 試験方法

4.1 適用範囲

この試験方法は，混合細骨材を構成しているフェロニッケルスラグ細骨材または銅スラグ細骨材と普通骨材の化学成分の違いまたは絶乾密度の違いを利用したものであり，フェロニッケルスラグ細骨材または銅スラグ細骨材と他の普通細骨材を混合した細骨材のフェロニッケルスラグ細骨材または銅スラグ細骨材混合率の試験または推定に適用する．

4.2 試験方法

4.2.1 蛍光X線試験方法によるフェロニッケルスラグ細骨材または銅スラグ細骨材混合率の推定

4.2.1.1 試験方法

4.2.1.1.1 試料の採り方及び取扱い方

(1) 試料の採取

試料の採取及び約 500 g とするまでの試料の縮分は，JIS M 8100 による．

(2) 試料の調製

試料の調製は，次による．

a) 採取した試料約 500 g を温度 100〜110 ℃で恒量となるまで乾燥した後，めのう製乳鉢，又は異物の混入などで試料が汚染されないことをあらかじめ確認した粉砕機で **JIS Z 8801-1** に規定する公称目開き 600 μm の金属製網ふるいを試料の全量が通過するまで粉砕する．ただし，粉砕機を使用する場合において，全量を 600 μm 未満に粉砕できる条件をあらかじめ確認している場合は，600 μm ふるいは使用しなくともよい．

b) 次に，約 30 g の試料を得るまで縮分し，これを更にめのう製乳鉢内又は粉砕機で **JIS Z 8801-1** に規定する公称目開き 150 μm の金属製網ふるいを全量通過させるまですりつぶす．

c) すりつぶした試料は，温度 105±5 ℃に調節されている空気浴に入れて乾燥し，2 時間ごとに空気浴から取り出し，デシケータ中で常温まで放冷する．放冷後，試料の質量を測定し，乾燥による質量減少が 2 時間につき 0.1 ％ 以下になるまでこの操作を繰り返す．

(3) 試料のはかり方

試料のはかり方は，次による．

a) 試料のはかりとりに際しては，試料をよくかき混ぜて平均組成が得られるように注意し，また，異物が混入していないことを確かめなければならない．

b) 試料のはかりとりには，化学はかりを用いる．

4.2.1.1.2 蛍光X線分析法

(1) 要 旨

試料に一次X線を照射して，試料から発生する蛍光X線強度を蛍光X線分析装置を用いて測定し，あらかじめ成分含有率既知の試料を用いて，求めてある蛍光X線強度と成分含有率との関係線（検量線）から定量値を求める．

(2) 定量範囲

ここで規定する適用成分は，全鉄および酸化マグネシウムとし，定量範囲を**表5**に示す．

表5 定量範囲

単位 (質量分率) %

化学成分	定量範囲
全 鉄 (FNS)	0.5～15.0
全 鉄 (CUS)	1～70.0
酸化マグネシウム	5.0～40.0

(3) 一般事項

分析方法に共通な一般事項は，JIS K 0119による．

(4) 装置

装置は，次による．

a) 蛍光X線分析装置　蛍光X線分析装置は，JIS K 0119又はJIS K 0470に規定するものとし，**表5**の定量下限域でも十分な測定感度をもつものとする．

b) 加圧成形装置　加圧成形装置は，196～392 kNの能力をもつものとする．

(5) 成形試料調製方法

試料を測定に適した平たん（坦）な面が得られるように金属カップ，金属リング，成形ダイスなどを用いて加圧成形し，平板状の試料とする．

なお，バインダを用いる場合は，試料とバインダを正確にはかりとり，一定の割合で均一に混合し，成形しなければならない．

(6) 分析方法

分析方法は，次による．

a) スペクトル線　使用するスペクトル線は，**表6**による．

表6 スペクトル線

化学成分	スペクトル線		波長 nm	次数
全 鉄	Fe	Kα	0.1937	1
酸化マグネシウム	Mg	Kα	0.9890	1

b) 検量線の作成　検量線は，化学分析法によって成分含有率を決定したフェロニッケルスラグ細骨材試料または銅スラグ細骨材試料の数点を用いる．(5)の方法によって成形作製し，測定元素の蛍光X線強度と成分含有率から関係線を求める．

c) 定量　定量は，b)と同一条件で蛍光X線強度を測定し，b)で作成した検量線によって行う．

(7) フェロニッケルスラグ細骨材混合率または，銅スラグ細骨材混合率の算定

フェロニッケルスラグ細骨材混合率または，銅スラグ細骨材混合率と酸化マグネシウムまたは全鉄の含有率の関係を事前に測定しておく．

フェロニッケルスラグ細骨材または銅スラグ細骨材混合砂の酸化マグネシウムまたは全鉄の含有率を測定し，フェロニッケルスラグ細骨材混合率または，銅スラグ細骨材混合率の推定を行う．

4.2.2 絶乾密度測定によるフェロニッケルスラグ細骨材混合率および，銅スラグ細骨材混合率の推定

(1) 試験方法

フェロニッケルスラグ細骨材または銅スラグ細骨材，フェロニッケルスラグ細骨材または銅スラグ細骨材混合

砂および普通骨材の絶乾密度の試験方法は,JIS A 1109：2006 に準拠して行う．

(2) フェロニッケルスラグ細骨材混合率または，銅スラグ細骨材混合率の算定

当該普通骨材についてフェロニッケルスラグ細骨材混合率または,銅スラグ細骨材混合率と絶乾密度の関係を事前に測定しておく．フェロニッケルスラグ細骨材または銅スラグ細骨材混合砂の絶乾密度を測定し，フェロニッケルスラグ細骨材混合率または，銅スラグ細骨材混合率の推定を行う．

付録 IV

銅スラグ細骨材に関する文献リスト

1) からみ類の実態調査，日本鉱業協会，からみ活用研究委員会，昭和35年3月（1960）
2) 非鉄製錬からみ類の実態と活動について，日本鉱業協会，からみ活用研究委員会，昭和38年8月（1963）
3) 毛見虎雄・平賀友晃：重量骨材とコンクリートの品質について，日本大学理工学部学術講演会講演要旨集，pp. 119～120，1966
4) 赤塚雄三・前川淳：細骨材として銅からみを用いたコンクリートの性質，コンクリートジャーナル，Vol. 8，No. 6, pp. 19～22，June1970
5) J. J. Emery, R. D Hooton and R. P. Gupta : Utilization of blastfurnace, nonferrous and boiler Slags : SILICATES INDUSTRIES, 4～5, pp. 111～120, 1977
6) R. J. Collins : CONSTRUCTION INDUSTRY EFFORTS TO UTILIZE MINING AND METALLURGICAL WASTE, Proceedings of The 6th Mineral Waste Utilization, U. S. Bureau of Mines and IT Research Institute, pp. 133～143, May2～3, 1978
7) 村田二郎・大下政美：銅滓骨材を用いた重量ブロックの基礎的研究，土木コンクリートブロック，No. 105, 12. 1月号，pp. 10～18，1978
8) 村田二郎・鈴木一雄・大作淳・清水昭：銅スラグを用いたプレパックドコンクリートに関する研究，セメント技術年報，Vol. 35, pp. 250～253，1981
9) J. R. Baragano, P. Rey : The study of a non traditional pozzolan ≪Copper Slags≫, Proc. The 7th Int. Cong. Cement Vol. 2, III, pp. 37～42, 1980
10) AFG Rossouw, JE Kuger and J van Dijk : Report on the Suitability of Some Metallurgical Slags as Aggregate for Concrete, NATIONAL BUILDING RESEARCH INSTITUTE COUNCIL FOR SCIENTIFIC AND INDUSTRIAL RESEARCH, Pretoria, South Africa, pp. 1～25, 1981
11) AUSTRALIAN STANDARD : AGGREGATES AND ROCK FOR ENGINEERING PUR-POSES Part 1 CONCRETE AGGREGATES, AS 2758. 1, 1985
12) 村田二郎・清水昭・斎藤良夫・大作淳：銅スラグ微粉末を用いたプレパックドコンクリート用グラウトの充填性および均等性に関する研究，土木学会論文集 第366号/V-4, pp, 242～249, 1986.2
13) 銅スラグの利用に関する調査・試験資料集，日本鉱業協会銅スラグ利用研究委員会，1989.3
14) 秋田県工業技術センター・同和鉱業株式会社：銅製錬工程で発生するスラグの再利用に関する研究成果報告書，1989.3
15) 神山行男・吉岡保彦・山崎武久：銅水砕スラグの重量モルタル用細骨材への適用性に関する基礎研究，土木学会第44回年次学術講演会，pp. 158～159, 1989.10
16) 銅スラグ研究委員会資料：コンクリート用細骨材としての住友スラグサンドの利用に関する試験結果報告書，住友金属鉱山株式会社，鹿島建設株式会社，1989.12
17) 深谷正和・竹谷正造・小谷一三：銅水砕スラグのコンクリート用細骨材としての活用技術，日本鉱業協会，第39回全国鉱山・製錬所現場担当者会議工務講演集，pp. 149～172, 1991.11
18) 銅スラグのコンクリートへの利用に関する調査・資料集，日本鉱業協会非鉄スラグのコンクリートへの利用

研究会，1992.5
19) 銅スラグ砂を用いたコンクリート予備試験（STEP1），日本鉱業協会　銅スラグ研究委員会，1993.6
20) 銅スラグ砂を用いたコンクリート予備試験（STEP2），日本鉱業協会　銅スラグ研究委員会，1993.8
21) 銅スラグ砂を用いたコンクリート試験（STEP3），日本鉱業協会　銅スラグ研究委員会，1994.9
22) 銅スラグ砂を用いたコンクリート試験結果（STEP4）
　　［1］混和剤によるブリーデイングの抑制に関する試験結果
　　［2］水中不分離性コンクリートに関する試験結果，日本鉱業協会銅スラグ研究委員会，1994.12
23) 銅スラグコンクリート施工性試験（STEP5）
　　［Ⅰ］銅スラグ骨材製造試験
　　［Ⅱ］銅スラグ生コンクリートの運搬試験
　　［Ⅲ］ポンプ圧送性試験
　　［Ⅳ］テトラポッド製造試験
　　［Ⅴ］土間コンクリートの施工試験　　日本鉱業協会銅スラグ研究委員会，1994.12
24) 河原正泰・工藤芳郎・砂山寛之・満尾利晴：銅スラグの結晶化と金属元素の溶出性，資源素材学会誌，Vol. 109, No. 8, pp. 45～49, 1993
25) 白鳥明・國府勝郎・久恆政幸：画像解析による銅スラグ細骨材の形状判定について，土木学会第48回年次学術講演会，pp. 484～485, 1993.9
26) 銅スラグ細骨材を用いたコンクリートのブリーデイングおよび凝結に関する実験結果（STEP6），日本鉱業協会銅スラグ研究委員会，1995.6
27) 銅スラグ研究委員会報告：銅スラグの構成諸因子がコンクリートのブリーデイング現象に与える効果―既往文献・報告書の調査・まとめ，㈱ワイエスエンジニアリング，1995.3
28) 銅スラグ研究委員会報告：高強度コンクリート用骨材としての銅スラグ砂の評価，建設省建築研究所，1994.5
29) 真野孝次・飛坂基夫・池永博威：銅スラグ細骨材を用いたコンクリートの基礎的物性に関する実験研究，日本建築学会大会学術講演梗概集（東海），1994.9
30) 白鳥明・國府勝郎：超硬練りコンクリートのコンシステンシーに影響を与える使用骨材の性質と配合条件，土木学会第49回年次学術講演会，pp. 190～191, 1994.9
31) 仁木孟伯・長瀧重義・友澤史紀・梶原敏孝：銅スラグ砂を使用したコンクリートの基礎的性状，コンクリート工学年次論文報告集，Vol. 17, No. 1, pp. 399～404, 1995
32) 真野孝次・飛坂基夫・池永博威：銅スラグ骨材を用いたコンクリートの基礎的物性に関する実験研究，建材試験情報1，（財）建材試験センター，pp. 6～10, 1995
33) 銅スラグ研究委員会報告：銅スラグ細骨材を使用したモルタルの凝結遅延とその回避策，三菱マテリアル株式会社セメント研究所，1995.9
34) 銅スラグ研究委員会報告：銅スラグ砂を用いたコンクリートの海岸構造物への適用に関する基礎研究，運輸省港湾技術研究所　構造材料研究室，1995.11
35) 銅スラグ研究委員会報告：銅スラグ細骨材を用いたコンクリートの凍結融解抵抗性に関する研究，八戸工業大学，1995.6
36) 真野孝次・飛板基夫・池永博威：銅スラグ細骨材を用いたコンクリートの基礎的物性に関する実験研究（その2．硬化性状，強度発現性状及び各種変形性状），日本建築学会大会学術講演梗概集（北海道），1995.8
37) 権　寧世・依田彰彦・横室　隆・緒方　努：銅スラグのコンクリート用細骨材への利用研究（その1　養生方

法をかえたモルタルのすりへり量について），日本建築学会大会学術講演梗概集（北海道），1995.8
38) 銅スラグ研究委員会報告：銅スラグ細骨材を使用したコンクリートの基礎物性に関する実験・検討，その1，日本鉱業協会，（財）建材試験センター，1995.8
39) 大北泰生・庄谷征美・杉田修一：銅スラグ細骨材コンクリートの凍結融解抵抗性，土木学会東北支部技術研究発表会講演概要集，pp. 556〜557，1995
40) 庄谷征美・杉田修一・梶原敏孝：銅スラグ細骨材コンクリートの凍結融解抵抗性に関する一検討，土木学会第49回年次学術講演会講演概要集，V‐369，1995.9
41) 白鳥　明・國府勝郎：超硬練りコンクリートのコンシステンシーに与える使用細骨材の性質と配合条件，土木学会第49回年次学術講演会，V‐95，pp. 190〜191，1995.9
42) 銅スラグ砂を用いたコンクリート試験報告書（STEP3）－中性化試験－，日本鉱業協会　銅スラグ研究委員会，1996.3
43) 銅スラグコンクリート施工性試験（STEP5）
　　［Ⅳ］第2回テトラポッド製造試験報告書，日本鉱業協会，1996.2
44) 福島祐一・仁木孟伯・井上敏克・立屋敷久志：非鉄金属スラグのセメントとの反応性，三菱マテリアル株式会社セメント研究所研究報告，No. 7，pp. 88〜99，1996
45) 銅スラグ細骨材を用いたコンクリートの性状（STEP1〜5）のまとめ，日本鉱業協会，1996.3
46) 菊川浩治・飯坂武男・石川靖晃：銅スラグを用いたグラウトの特性に関する研究，セメントコンクリート論文集，No. 49，pp. 150〜155，1995
47) 銅スラグ研究委員会報告：銅スラグ細骨材を使用したコンクリートの基礎物性に関する実験・検討（その2：凝結，ブリーデイングに関する実験・検討），（財）建材試験センター，1996
48) 銅スラグ研究委員会報告：銅スラグ細骨材を使用したコンクリートの基礎物性に関する実験・検討（その3：銅スラグ細骨材の品質及び各種基礎物性に関する実験・検討），（財）建材試験センター，1996
49) 梶原敏孝・横山昌寛：銅スラグ細骨材，コンクリート工学，Vol. 34，No. 7，pp・96〜98，1996.7
50) 仁木孟伯・長瀧重義・友澤史紀・福手　勤：銅スラグ砂コンクリート大型暴露試験体の施工とコンクリートの初期性状，コンクリート工学年次論文報告集，Vol. 18，No. 1，pp. 399〜404，1996
51) 中村貴城・庄谷征美・磯島康雄：銅スラグ細骨材コンクリートの品質に関する研究，土木学会東北支部技術研究発表会講演概要集，pp. 554〜555，1996.3
52) 大北泰生・庄谷征美・杉田修一：コンクリートのブリーデイングと凍結融解抵抗性の関係について，土木学会東北支部技術研究発表会講演概要集，pp. 572〜573，1996
53) 國府勝郎・上野敦：締固め仕事量の評価に基づく超硬練りコンクリートの配合設計，土木学会論文集，1996
54) 銅スラグ細骨材を用いたコンクリートの施工性と品質に関する研究‐日本鉱業協会銅スラグ細骨材研究委員会による実験研究資料‐，日本鉱業協会，1996.11
55) 微粒銅スラグを用いたモルタルの特性に関する調査研究（STEP7），日本鉱業協会委託（銅スラグ研究委員会資料），（財）建材試験センター，1997.3
56) DEUTCHE NORMEN : Eisenhüttenschlacke und Metallhüttenschlacke im Bauwesen (Metal−lugical slags of iron, steel and nonferrous metal in building)，DIN4301，April1981
57) E. Douglas, P. R. Mainwaring, and R. T. Hemmings : Pozzolanic Properties of Canadian Non−Ferrous Slags, pp. 1525〜1550, ACI, SP 91−75, 1986
58) C. L. Hawang and J. C. Laiw : Properties of Concrete Using Copper Slag as a Substitute for Fine

Aggregate, Symposium on the Use of Natural Pozzolans, Fly Ash, Slag, and Silica Fume in Concrete, pp. 1677〜1695, ACI, SP 114-82, 1989

59) 銅スラグ細骨材の比熱試験報告書，日本鉱業協会　銅スラグ細骨材研究委員会，1994.12

60) 斉藤しおり・真野孝次・飛坂基夫・梶原敏孝：銅スラグ細骨材のアルカリシリカ反応性と粒形改善によるブリーデイング抑制効果，日本建築学会大会学術講演梗概集（近畿），pp. 329〜330, 1996.9

61) 権寧世・依田彰彦・横室　隆：銅スラグのコンクリート用骨材への利用研究（その 2　養生方法をかえたコンクリートの乾燥収縮特性・凍結融解抵抗性），日本建築学会大会学術講演梗概集（近畿），pp. 443〜444, 1996.9

62) 廃棄物等処理再資源化推進報告書（平成 7 年度）：銅スラグ砂の重量細骨材としての利用に関する研究，日本鉱業協会，1996.6

63) 横山昌寛：銅スラグの化学的性質に関する既往内外文献・報告書の概要報告書ーポゾラン性，ブリーディング特性，凝結遅延性ー，銅スラグ研究委員会報告，日本鉱業協会，1996.6

64) 横山昌寛：銅スラグ細骨材の微粒子がコンクリートの品質に与える影響に関する調査報告書ー［Step1］〜［Step6］試験報告書のまとめ・解析（ブリーディング減少効果，強度増進効果），日本鉱業協会，1996.6

65) 横山昌寛：コンクリート用各種細骨材の粒度分布及び微粒分に関する規格・基準と試験方法ーまとめおよびその解析ー，日本鉱業協会委員会資料，1996.9

66) British Standard : Testing aggregates Part103, Methods for determination of particle size distribution. Section 103. 2 Sedimentation test, 1989

67) 銅スラグ砂コンクリート大型暴露試験体の長期暴露試験報告書（暴露 8 ヶ月），日本鉱業協会，鹿島建設㈱，三菱マテリアル㈱，1996.12

68) コンクリート用銅スラグ細骨材品質基準（案）・同解説，日本鉱業協会銅スラグ委員会，1996.6

69) 銅スラグ砂コンクリート大型暴露試験体の長期暴露試験報告書（暴露 8 ヶ月・1 年），日本鉱業協会，鹿島建設㈱，三菱マテリアル㈱，1997.3

70) 銅スラグ細骨材中の微粉量がコンクリートのフレッシュ性状に及ぼす影響に関する実験結果報告書，スラグ JIS A 5011 原案作成委員会資料，日本鉱業協会，1997.3

71) 横山昌寛：CUS コンクリートの施工・運搬に伴う単位容積質量変動の解析と管理基準の提案，日本建築学会スラグ骨材小委員会資料，1997.4

72) 佐伯竜彦：銅スラグ細骨材と低比重細骨材を混合使用したコンクリートの諸特性，土木学会スラグ研究委員会資料，1997.7

73) 銅スラグ細骨材混合率の試験方法の提案と試験結果の検討，日本鉱業協会，（財）建材試験センター，（財）セメント協会研究所，1997.7

74) 権　寧世・依田彰彦・横室　隆：銅スラグのコンクリート用細骨材への利用研究（その 3　養生方法をかえたコンクリートの中性化について），日本建築学会大会学術講演梗概集（関東），pp. 29〜30, 1997.9

75) 井上　卓・飛坂基夫・地頭薗　博・藤田康彦：銅スラグ細骨材を低混合率で使用したコンクリートの基礎的性状（その 1. ブリーデイング及び凝結性状），日本建築学会大会学術講演梗概集（関東），pp. 24〜25, 1997.9

76) M. Shoya, S. Togawa, S. Sugita, and Y. Tsukinaga : FREEZING AND THAWING RESISTANCE OF CONCRETE WITH EXCESIVE BLEEDING AND ITS IMPROVEMENT, The Fourth CANMET/ACI International Conference on Durability of Concrete, Sydney, Australia, August, pp 1591〜1602, 1997.8

77) 日本工業規格 JIS A 5011-3（コンクリート用スラグ骨材―第3部）：銅スラグ骨材，日本規格協会，1997.8

78) 飛板基夫・梶原敏孝・横山昌寛：微粒銅スラグがモルタルのフロー値，圧縮強度および乾燥収縮に及ぼす影響，日本建築学会大会学術講演梗概集（関東），pp. 27～28，1997.9

79) S. Nagataki, F. Tomosawa, T. Kaziwara, M. Yokoyama : PROPERTIES OF NONFERROUS METAL SLAG USED AS AGGREGATE FOR CONCRETE, International Conference On Engineering Materials, Ottawa, Canada, Vol. I, pp. 733～743, 1997.6

80) M. Shoya, K. Togawa, K. Kokubu : ON PROPERTIES WITH FERRO-NICKEL SLAG FINE AGGREGATE, International Conference on Engineering Materials, Ottawa Canada, Vol. I, pp. 759～774, 1997.6

81) 權　寧世・依田彰彦・横室　隆：銅スラグ砂を用いた打ち放し仕上げコンクリートの耐久性，日本建築仕上学会大会，1997.10

82) 大型暴露試験体の長期暴露試験報告書（［Ⅳ］テトラポッド製造試験・暴露2.5年），運輸省港湾技術研究所，1997.3

83) 銅スラグ細骨材を用いたコンクリートの単位容積質量，日本鉱業協会，1997.10

84) CUSおよびFNSを用いたコンクリートのポアソン比に関する試験研究，日本鉱業協会，1997.11

85) 梶原敏孝・竹田重三：「JIS A 5011 コンクリート用スラグ骨材」の改正にかかわる主要点について，月刊生コンクリート，Vol. 16, No. 9, 1997.10

86) 飛坂基夫：コンクリートの表面色に及ぼす銅スラグ細骨材の種類及び混合率の影響，日本建築学会スラグ骨材小委員会資料，1997.8

87) 銅スラグ砂を用いたコンクリート試験（STEP3）―材齢4年におけるコンクリートの圧縮強度，ヤング係数および屋外暴露による中性化試験―，日本鉱業協会，1998.1

88) 銅スラグ砂を用いたコンクリートの海岸構造物への適用に関する基礎研究―鉄筋の腐食特性（海洋暴露3年試験結果），運輸省港湾技術研究所，1998.1

89) 佐伯達彦・猪口泰彦・新野康博・長瀧重義：混合骨材コンクリートの諸特性とその推定手法に関する検討，土木学会論文集，No. 711, V-56, pp. 73-90, 2002.8

90) 秋田真良・東俊夫・江口正勝・村上祐治：銅スラグを用いた超硬練り重量セメント硬化体の試験施工，土木学会第58回年次学術講演会，V-498, pp. 995-996, 2003.9

91) 古田敦史・上野敦・國府勝郎・宇治公隆：スラグ細骨材を用いたコンクリートのブリーディング制御に関する基礎的検討，土木学会第58回年次学術講演会，V-500, pp. 999-1000, 2003.9

92) 五味信治・南川公：スラグ骨材を用いた高比重コンクリートの研究（その1），土木学会第59回年次学術講演会，5-202, pp. 401-402, 2004.9

93) 加地貴・石井光浩・岩原広廣彦・菊池文孝：フライアッシュによる銅スラグ細骨材使用コンクリートの品質改善，土木学会四国支部技術研究発表会講演概要集，Vol. 10, pp. 278-279, 2004

94) 馬場裕一・丸山武彦・若林学・伊藤伸一：銅スラグ混入コンクリートの基本的物性，土木学会関東支部技術研究発表会講演概要集，Vol. 31-5, pp. 89-90, 2004

95) 五味信治・南川公：スラグ骨材を用いた高密度コンクリートの研究（その2），土木学会第60回年次学術講演会，5-424, pp. 847-848, 2005.9

96) 五味信治・南川公：スラグ骨材を用いた高密度コンクリートの研究（その4），土木学会第62回年次学術講演会，5-422, pp. 843-844, 2007.9

97) 五味信治・南川公：スラグ骨材を用いた高密度コンクリートの研究（その5），土木学会第63回年次学術講演会，5-407，pp. 813-814，2008.9

98) 上野敦・中嶋香織・宇治公隆：銅スラグ細骨材による砕砂モルタルのフレッシュ性状の改善に関する検討，土木学会第63回年次学術講演会，5-365，pp. 729-730，2008.9

99) 田村裕美・嶋田典浩・藤井隆史・綾野克紀：コンクリート用骨材としての銅スラグの有効利用に関する研究，土木学会中国支部研究発表会発表概要集，Vol. 61，V-25，2009

100) 金子みゆき・鎌田英志・安藤慎一郎・荻野寿一：コンクリートの耐摩耗性向上に関する配合の検討，土木学会第66回年次学術講演会，VI-435，pp. 869-870，2011.9

101) 川端雄一郎・岩波光保・加藤絵万：スラグ細骨材を大量混合したコンクリート(HVSA(Cncrete with Hight Volume Slag fine Aggrete)コンクリート）の港湾の無筋コンクリート構造物への適用性，土木学会論文集B3（海洋開発），Vol. 67，No. 2，2011

102) 黒岩義仁・高尾昇・清谷謙二：銅スラグ細骨材の微粒分量および混合率がコンクリートの諸特性に及ぼす影響，土木学会第68回年次学術講演会，V-313，pp. 625-626，2013.9

103) 黒岩義仁・高尾昇・佐々木憲明：銅スラグ細骨材の微粒分の量および実積率がコンクリートのフレッシュ性状に及ぼす影響，コンクリート工学年次論文集，Vol. 35，No. 1，pp. 43〜48，2013.

104) 秋山哲治・森晴夫・山路徹・与那嶺一秀：海上大気中での長期暴露試験による銅スラグ細骨材を大量混入したコンクリートの耐久性評価，土木学会第68回年次学術講演会，V-111，pp. 221-222，2013.9

105) 江川省二・浦上昇・金子英幸・阿部信二・水越悠文：本船バース増強工事概要とスラグ混入コンクリートへの取り組みについて，土木学会第69回年次学術講演会，VI-523，pp. 1045-1046，2014.9

106) 宮根正和・小西優貴・森田浩史・竹中寛・審良善和・福手勤：スラグ骨材を使用した水中不分離性重量コンクリートの基本性能，土木学会第69回年次学術講演会，V-605，pp. 1209-1210，2014.9

107) 黒岩義仁・美坂剛・橋本親典：銅スラグ細骨材を用いた重量コンクリートの圧送性に関する検討，土木学会年次学術講演会，V-607，pp. 1213-1214，2014.9

108) 黒岩義仁・長谷川豊・橋本親典：銅スラグ細骨材を用いた重量コンクリートの圧送性に関する実験的検討，コンクリート工学年次論文集，Vol. 36，No. 1，pp. 70-75，2014

109) 福上大貴・水越睦視：銅スラグ細骨材を多量に用いたフライアッシュⅡ種併用コンクリートの基礎的性状，コンクリート工学年次論文集，Vol. 36，No. 1，pp. 1774-1779，2014

110) 本間礼人：高流動コンクリートの調合設計に関する研究－銅スラグ細骨材－ その3，日本建築学会大会学術講演梗概集（近畿），A-1分冊，pp. 119-120，2014.9

111) 大瀧浩人・崔希燮・西脇智哉：銅スラグを用いた繊維補強重量セメント複合材料のひび割れ抵抗性と遮蔽性能，日本建築学会大会学術講演梗概集（近畿），A-1分冊，pp. 189-190，2014.9

112) 木村祥平・黒岩義仁・中山英明：銅スラグ細骨材を使用したコンクリートの諸物性に関する調査，三菱マテリアル㈱ セメント研究所 研究報告，No. 17，pp. 41-21，2016

113) 中島和俊・渡辺健・橋本親典・石丸啓輔：拘束条件の有無による非鉄スラグ細骨材を用いたコンクリートの乾燥収縮特性の評価，コンクリート工学年次論文集，Vol. 37，No. 1，pp. 469-474，2015

114) 岡友貴・山田悠二・橋本親典・渡邊健：非鉄スラグ細骨材を用いたコンクリートの施工性能および強度に関する実験的検討，コンクリート工学年次論文集，Vol. 37，No. 1，pp. 1033-1038，2015

115) 木村祥平・黒岩義仁・美坂剛：銅スラグ細骨材を使用したコンクリートの諸特性に関する調査，土木学会年次学術講演会，V-479，pp. 957-958，2015.9

116) 銅スラグ研究委員会報告：銅スラグ砂を用いたコンクリートの海岸構造物への適用に関する基礎研究，運輸省港湾技術研究所　構造材料研究室，2000.3

コンクリート標準示方書一覧および今後の改訂予定

書名	判型	ページ数	定価	現在の最新版	次回改訂予定
2012年制定　コンクリート標準示方書［基本原則編］	A4判	35	本体2,800円＋税	2012年制定	2017年度
2012年制定　コンクリート標準示方書［設計編］	A4判	609	本体8,000円＋税	2012年制定	2017年度
2012年制定　コンクリート標準示方書［施工編］	A4判	389	本体6,600円＋税	2012年制定	2017年度
2013年制定　コンクリート標準示方書［維持管理編］	A4判	299	本体4,800円＋税	2013年制定	2017年度
2013年制定　コンクリート標準示方書［ダムコンクリート編］	A4判	86	本体3,800円＋税	2013年制定	2017年度
2013年制定　コンクリート標準示方書［規準編］（2冊セット）・土木学会規準および関連規準・JIS規格集	A4判	614＋893	本体11,000円＋税	2013年制定	2017年度

※次回改訂版は、現在版とは編成が変わる可能性があります。

●コンクリートライブラリー一覧●

号数：標題／発行年月／判型・ページ数／本体価格

第 1 号：コンクリートの話－吉田徳次郎先生御遺稿より－／昭.37.5 ／ B5・48p.
第 2 号：第 1 回異形鉄筋シンポジウム／昭.37.12 ／ B5・97p.
第 3 号：異形鉄筋を用いた鉄筋コンクリート構造物の設計例／昭.38.2 ／ B5・92p.
第 4 号：ペーストによるフライアッシュの使用に関する研究／昭.38.3 ／ B5・22p.
第 5 号：小丸川 PC 鉄道橋の架替え工事ならびにこれに関連して行った実験研究の報告／昭.38.3 ／ B5・62p.
第 6 号：鉄道橋としてのプレストレストコンクリート桁の設計方法に関する研究／昭.38.3 ／ B5・62p.
第 7 号：コンクリートの水密性の研究／昭.38.6 ／ B5・35p.
第 8 号：鉱物質微粉末がコンクリートのウォーカビリチーおよび強度におよぼす効果に関する基礎研究／昭.38.7 ／ B5・56p.
第 9 号：添えばりを用いるアンダーピンニング工法の研究／昭.38.7 ／ B5・17p.
第 10 号：構造用軽量骨材シンポジウム／昭.39.5 ／ B5・96p.
第 11 号：微細な空げきてん充のためのセメント注入における混和材料に関する研究／昭.39.12 ／ B5・28p.
第 12 号：コンクリート舗装の構造設計に関する実験的研究／昭.40.1 ／ B5・33p.
第 13 号：プレパックドコンクリート施工例集／昭.40.3 ／ B5・330p.
第 14 号：第 2 回異形鉄筋シンポジウム／昭.40.12 ／ B5・236p.
第 15 号：デイビダーク工法設計施工指針（案）／昭.41.7 ／ B5・88p.
第 16 号：単純曲げをうける鉄筋コンクリート桁およびプレストレストコンクリート桁の極限強さ設計法に関する研究／昭.42.5 ／ B5・34p.
第 17 号：MDC 工法設計施工指針（案）／昭.42.7 ／ B5・93p.
第 18 号：現場コンクリートの品質管理と品質検査／昭.43.3 ／ B5・111p.
第 19 号：港湾工事におけるプレパックドコンクリートの施工管理に関する基礎研究／昭.43.3 ／ B5・38p.
第 20 号：フライアッシュを混和したコンクリートの中性化と鉄筋の発錆に関する長期研究／昭.43.10 ／ B5・55p.
第 21 号：バウル・レオンハルト工法設計施工指針（案）／昭.43.12 ／ B5・100p.
第 22 号：レオバ工法設計施工指針（案）／昭.43.12 ／ B5・85p.
第 23 号：BBRV 工法設計施工指針（案）／昭.44.9 ／ B5・134p.
第 24 号：第 2 回構造用軽量骨材シンポジウム／昭.44.10 ／ B5・132p.
第 25 号：高炉セメントコンクリートの研究／昭.45.4 ／ B5・73p.
第 26 号：鉄道橋としての鉄筋コンクリート斜角げたの設計に関する研究／昭.45.5 ／ B5・28p.
第 27 号：高張力異形鉄筋の使用に関する基礎研究／昭.45.5 ／ B5・24p.
第 28 号：コンクリートの品質管理に関する基礎研究／昭.45.12 ／ B5・28p.
第 29 号：フレシネー工法設計施工指針（案）／昭.45.12 ／ B5・123p.
第 30 号：フープコーン工法設計施工指針（案）／昭.46.10 ／ B5・75p.
第 31 号：OSPA 工法設計施工指針（案）／昭.47.5 ／ B5・107p.
第 32 号：OBC 工法設計施工指針（案）／昭.47.5 ／ B5・93p.
第 33 号：VSL 工法設計施工指針（案）／昭.47.5 ／ B5・88p.
第 34 号：鉄筋コンクリート終局強度理論の参考／昭.47.8 ／ B5・158p.
第 35 号：アルミナセメントコンクリートに関するシンポジウム；付：アルミナセメントコンクリート施工指針（案）／ 昭.47.12 ／ B5・123p.
第 36 号：SEEE 工法設計施工指針（案）／昭.49.3 ／ B5・100p.
第 37 号：コンクリート標準示方書（昭和 49 年度版）改訂資料／昭.49.9 ／ B5・117p.
第 38 号：コンクリートの品質管理試験方法／昭.49.9 ／ B5・96p.
第 39 号：膨張性セメント混和材を用いたコンクリートに関するシンポジウム／昭.49.10 ／ B5・143p.
第 40 号：太径鉄筋 D51 を用いる鉄筋コンクリート構造物の設計指針（案）／昭.50.6 ／ B5・156p.
第 41 号：鉄筋コンクリート設計法の最近の動向／昭.50.11 ／ B5・186p.
第 42 号：海洋コンクリート構造物設計施工指針（案）／昭和.51.12 ／ B5・118p.
第 43 号：太径鉄筋 D51 を用いる鉄筋コンクリート構造物の設計指針／昭.52.8 ／ B5・182p.
第 44 号：プレストレストコンクリート標準示方書解説資料／昭.54.7 ／ B5・84p.
第 45 号：膨張コンクリート設計施工指針（案）／昭.54.12 ／ B5・113p.
第 46 号：無筋および鉄筋コンクリート標準示方書（昭和 55 年版）改訂資料【付・最近におけるコンクリート工学の諸問題に関する講習会テキスト】／昭.55.4 ／ B5・83p.
第 47 号：高強度コンクリート設計施工指針（案）／昭.55.4 ／ B5・56p.
第 48 号：コンクリート構造の限界状態設計法試案／昭.56.4 ／ B5・136p.
第 49 号：鉄筋継手指針／昭.57.2 ／ B5・208p. ／ 3689 円
第 50 号：鋼繊維補強コンクリート設計施工指針（案）／昭.58.3 ／ B5・183p.
第 51 号：流動化コンクリート施工指針（案）／昭.58.10 ／ B5・218p.
第 52 号：コンクリート構造の限界状態設計法指針（案）／昭.58.11 ／ B5・369p.
第 53 号：フライアッシュを混和したコンクリートの中性化と鉄筋の発錆に関する長期研究（第二次）／昭.59.3 ／ B5・68p.
第 54 号：鉄筋コンクリート構造物の設計例／昭.59.4 ／ B5・118p.
第 55 号：鉄筋継手指針（その 2）－鉄筋のエンクローズ溶接継手－／昭.59.10 ／ B5・124p. ／ 2136 円

●コンクリートライブラリー一覧●

号数：標題／発行年月／判型・ページ数／本体価格

第 56 号：人工軽量骨材コンクリート設計施工マニュアル／昭.60.5 ／ B5・104 p.
第 57 号：コンクリートのポンプ施工指針（案）／昭.60.11 ／ B5・195 p.
第 58 号：エポキシ樹脂塗装鉄筋を用いる鉄筋コンクリートの設計施工指針（案）／昭.61.2 ／ B5・173 p.
第 59 号：連続ミキサによる現場練りコンクリート施工指針（案）／昭.61.6 ／ B5・109 p.
第 60 号：アンダーソン工法設計施工要領（案）／昭.61.9 ／ B5・90 p.
第 61 号：コンクリート標準示方書（昭和 61 年制定）改訂資料／昭.61.10 ／ B5・271 p.
第 62 号：PC 合成床版工法設計施工指針（案）／昭.62.3 ／ B5・116 p.
第 63 号：高炉スラグ微粉末を用いたコンクリートの設計施工指針（案）／昭.63.1 ／ B5・158 p.
第 64 号：フライアッシュを混和したコンクリートの中性化と鉄筋の発錆に関する長期研究（最終報告）／昭 63.3 ／ B5・124 p.
第 65 号：コンクリート構造物の耐久設計指針（試案）／平.元.8 ／ B5・73 p.
※第 66 号：プレストレストコンクリート工法設計施工指針／平.3.3 ／ B5・568 p. ／ 5825 円
※第 67 号：水中不分離性コンクリート設計施工指針（案）／平.3.5 ／ B5・192 p. ／ 2913 円
第 68 号：コンクリートの現状と将来／平.3.3 ／ B5・65 p.
第 69 号：コンクリートの力学特性に関する調査研究報告／平.3.7 ／ B5・128 p.
第 70 号：コンクリート標準示方書（平成 3 年版）改訂資料およびコンクリート技術の今後の動向／平 3.9 ／ B5・316 p.
第 71 号：太径ねじふし鉄筋 D 57 および D 64 を用いる鉄筋コンクリート構造物の設計施工指針（案）／平 4.1 ／ B5・113 p.
第 72 号：連続繊維補強材のコンクリート構造物への適用／平.4.4 ／ B5・145 p.
第 73 号：鋼コンクリートサンドイッチ構造設計指針（案）／平.4.7 ／ B5・100 p.
※第 74 号：高性能 AE 減水剤を用いたコンクリートの施工指針（案）付・流動化コンクリート施工指針（改訂版）／平.5.7 ／ B5・142 p. ／ 2427 円
※第 75 号：膨張コンクリート設計施工指針／平.5.7 ／ B5・219 p. ／ 3981 円
第 76 号：高炉スラグ骨材コンクリート施工指針／平.5.7 ／ B5・66 p.
第 77 号：鉄筋のアモルファス接合継手設計施工指針（案）／平.6.2 ／ B5・115 p.
第 78 号：フェロニッケルスラグ細骨材コンクリート施工指針（案）／平.6.1 ／ B5・100 p.
第 79 号：コンクリート技術の現状と示方書改訂の動向／平.6.7 ／ B5・318 p.
第 80 号：シリカフュームを用いたコンクリートの設計・施工指針（案）／平.7.10 ／ B5・233 p.
第 81 号：コンクリート構造物の維持管理指針（案）／平.7.10 ／ B5・137 p.
第 82 号：コンクリート構造物の耐久設計指針（案）／平.7.11 ／ B5・98 p.
第 83 号：コンクリート構造のエスセティックス／平.7.11 ／ B5・68 p.
第 84 号：ISO 9000 s とコンクリート工事に関する報告書／平 7.2 ／ B5・82 p.
第 85 号：平成 8 年制定コンクリート標準示方書改訂資料／平 8.2 ／ B5・112 p.
第 86 号：高炉スラグ微粉末を用いたコンクリートの施工指針／平 8.6 ／ B5・186 p.
第 87 号：平成 8 年制定コンクリート標準示方書（耐震設計編）改訂資料／平 8.7 ／ B5・104 p.
第 88 号：連続繊維補強材を用いたコンクリート構造物の設計・施工指針（案）／平 8.9 ／ B5・361 p.
第 89 号：鉄筋の自動エンクローズ溶接継手設計施工指針（案）／平 9.8 ／ B5・120 p.
※第 90 号：複合構造物設計・施工指針（案）／平 9.10 ／ B5・230 p. ／ 4200 円
第 91 号：フェロニッケルスラグ細骨材を用いたコンクリートの施工指針／平 10.2 ／ B5・124 p.
第 92 号：銅スラグ細骨材を用いたコンクリートの施工指針／平 10.2 ／ B5・100 p. ／ 2800 円
第 93 号：高流動コンクリート施工指針／平 10.7 ／ B5・246 p. ／ 4700 円
第 94 号：フライアッシュを用いたコンクリートの施工指針（案）／平 11.4 ／ A4・214 p. ／ 4000 円
※第 95 号：コンクリート構造物の補強指針（案）／平 11.9 ／ A4・121 p. ／ 2800 円
第 96 号：資源有効利用の現状と課題／平 11.10 ／ A4・160 p.
第 97 号：鋼繊維補強鉄筋コンクリート柱部材の設計指針（案）／平 11.11 ／ A4・79 p.
第 98 号：LNG 地下タンク躯体の構造性能照査指針／平 11.12 ／ A4・197 p. ／ 5500 円
第 99 号：平成 11 年版　コンクリート標準示方書［施工編］－耐久性照査型－　改訂資料／平 12.1 ／ A4・97 p.
第100号：コンクリートのポンプ施工指針［平成 12 年版］／平 12.2 ／ A4・226 p.
※第101号：連続繊維シートを用いたコンクリート構造物の補修補強指針／平 12.7 ／ A4・313 p. ／ 5000 円
※第102号：トンネルコンクリート施工指針（案）／平 12.7 ／ A4・160 p. ／ 3000 円
※第103号：コンクリート構造物におけるコールドジョイント問題と対策／平 12.7 ／ A4・156 p. ／ 2000 円
第104号：2001 年制定　コンクリート標準示方書［維持管理編］制定資料／平 13.1 ／ A4・143 p.
第105号：自己充てん型高強度高耐久コンクリート構造物設計・施工指針（案）／平 13.6 ／ A4・601 p.
第106号：高強度フライアッシュ人工骨材を用いたコンクリートの設計・施工指針（案）／平 13.7 ／ A4・184 p.
※第107号：電気化学的防食工法　設計施工指針（案）／平 13.11 ／ A4・249 p. ／ 2800 円
第108号：2002 年版　コンクリート標準示方書　改訂資料／平 14.3 ／ A4・214 p.
第109号：コンクリートの耐久性に関する研究の現状とデータベース構築のためのフォーマットの提案／平 14.12 ／ A4・177 p.
第110号：電気炉酸化スラグ骨材を用いたコンクリートの設計・施工指針（案）／平 15.3 ／ A4・110 p.

● コンクリートライブラリー一覧 ●

号数：標題／発行年月／判型・ページ数／本体価格

※第111号：コンクリートからの微量成分溶出に関する現状と課題／平15.5／A4・92p.／1600円
※第112号：エポキシ樹脂塗装鉄筋を用いる鉄筋コンクリートの設計施工指針［改訂版］／平15.11／A4・216p.／3400円
　第113号：超高強度繊維補強コンクリートの設計・施工指針（案）／平16.9／A4・167p.／2000円
※第114号：2003年に発生した地震によるコンクリート構造物の被害分析／平16.11／A4・267p.／3400円
　第115号：（CD-ROM写真集）2003年，2004年に発生した地震によるコンクリート構造物の被害／平17.6／A4・CD-ROM
　第116号：土木学会コンクリート標準示方書に基づく設計計算例［桟橋上部工編］／2001年制定コンクリート標準示方書［維持管理編］に基づくコンクリート構造物の維持管理事例集（案）／平17.3／A4・192p.
※第117号：土木学会コンクリート標準示方書に基づく設計計算例［道路橋編］／平17.3／A4・321p.／2600円
※第118号：土木学会コンクリート標準示方書に基づく設計計算例［鉄道構造物編］／平17.3／A4・248p.
※第119号：表面保護工法　設計施工指針（案）／平17.4／A4・531p.／4000円
　第120号：電力施設解体コンクリートを用いた再生骨材コンクリートの設計施工指針（案）／平17.6／A4・248p.
　第121号：吹付けコンクリート指針（案）　トンネル編／平17.7／A4・235p.／2000円
※第122号：吹付けコンクリート指針（案）　のり面編／平17.7／A4・215p.／2000円
※第123号：吹付けコンクリート指針（案）　補修・補強編／平17.7／A4・273p.／2200円
※第124号：アルカリ骨材反応対策小委員会報告書－鉄筋破断と新たなる対応－／平17.8／A4・316p.／3400円
　第125号：コンクリート構造物の環境性能照査指針（試案）／平17.11／A4・180p.
　第126号：施工性能にもとづくコンクリートの配合設計・施工指針（案）／平19.3／A4・278p.／4800円
※第127号：複数微細ひび割れ型繊維補強セメント複合材料設計・施工指針（案）／平19.3／A4・316p.／2500円
※第128号：鉄筋定着・継手指針［2007年版］／平19.8／A4・286p.／4800円
　第129号：2007年版　コンクリート標準示方書　改訂資料／平20.3／A4・207p.
※第130号：ステンレス鉄筋を用いるコンクリート構造物の設計施工指針（案）／平20.9／A4・79p.／1700円
※第131号：古代ローマコンクリート－ソンマ・ヴェスヴィアーナ遺跡から発掘されたコンクリートの調査と分析－／平21.4／A4・148p.／3600円
※第132号：循環型社会に適合したフライアッシュコンクリートの最新利用技術－利用拡大に向けた設計施工指針試案－／平21.12／A4・383p.／4000円
※第133号：エポキシ樹脂を用いた高機能PC鋼材を使用するプレストレストコンクリート設計施工指針（案）／平22.8／A4・272p.／3000円
※第134号：コンクリート構造物の補修・解体・再利用におけるCO_2削減を目指して－補修における環境配慮および解体コンクリートのCO_2固定化－／平24.5／A4・115p.／2500円
※第135号：コンクリートのポンプ施工指針　2012年版／平24.6／A4・247p.／3400円
※第136号：高流動コンクリートの配合設計・施工指針　2012年版／平24.6／A4・275p.／4600円
※第137号：けい酸塩系表面含浸工法の設計施工指針（案）／平24.7／A4・220p.／3800円
※第138号：2012年制定　コンクリート標準示方書改訂資料－基本原則編・設計編・施工編－／平25.3／A4・573p.／5000円
※第139号：2013年制定　コンクリート標準示方書改訂資料－維持管理編・ダムコンクリート編－／平25.10／A4・132p.／3000円
※第140号：津波による橋梁構造物に及ぼす波力の評価に関する調査研究委員会報告書／平25.11／A4・293p.＋CD-ROM／3400円
※第141号：コンクリートのあと施工アンカー工法の設計・施工指針（案）／平26.3／A4・135p.／2800円
※第142号：災害廃棄物の処分と有効利用－東日本大震災の記録と教訓－／平26.5／A4・232p.／3000円
※第143号：トンネル構造物のコンクリートに対する耐火工設計施工指針（案）／平26.6／A4・108p.／2800円
※第144号：汚染水貯蔵用PCタンクの適用を目指して／平28.5／A4・228p.／4500円
※第145号：施工性能にもとづくコンクリートの配合設計・施工指針［2016年版］／平28.6／A4・338p.＋DVD-ROM／5000円
※第146号：フェロニッケルスラグ骨材を用いたコンクリートの設計施工指針／平28.7／A4・216p.／2000円
※第147号：銅スラグ細骨材を用いたコンクリートの設計施工指針／平28.7／A4・188p.／1900円

※は土木学会にて販売中です．価格には別途消費税が加算されます．

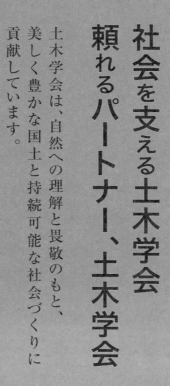

社会を支える土木学会
頼れるパートナー、土木学会

土木学会は、自然への理解と畏敬のもと、美しく豊かな国土と持続可能な社会づくりに貢献しています。

土木学会の会員になりませんか！

土木学会の取組みと活動
- 防災教育の普及活動
- 学術・技術の進歩への貢献
- 社会への直接的貢献
- 会員の交流と啓発
- 土木学会全国大会（毎年）
- 技術者の資質向上の取組み（資格制度など）
- 土木学会倫理普及活動

土木学会の本
- 土木学会誌（毎月会員に送本）
- 土木学会論文集（構造から環境の分野を全てカバー／J-stageに公開された最新論文の閲覧／論文集購読会員のみ）
- 出版物（示方書から一般的な読み物まで）

公益社団法人 土木學會
TEL：03-3355-3441（代表）／FAX：03-5379-0125
〒160-0004　東京都新宿区四谷1丁目（外濠公園内）

土木学会へご入会ご希望の方は、学会のホームページへアクセスしてください。
http://www.jsce.or.jp/

定価（本体 1,900 円＋税）

コンクリートライブラリー147
銅スラグ細骨材を用いたコンクリートの設計施工指針

平成 28 年 7 月 27 日　第 1 版・第 1 刷発行

編集者……公益社団法人　土木学会　コンクリート委員会
　　　　　非鉄スラグ骨材コンクリート研究小委員会
　　　　　委員長　宇治　公隆
発行者……公益社団法人　土木学会　専務理事　塚田　幸広

発行所……公益社団法人　土木学会
　　　　　〒160-0004　東京都新宿区四谷１丁目（外濠公園内）
　　　　　TEL　03-3355-3444　　FAX　03-5379-2769
　　　　　http://www.jsce.or.jp/
発売所……丸善出版株式会社
　　　　　〒101-0051　東京都千代田区神田神保町 2-17　神田神保町ビル
　　　　　TEL　03-3512-3256　　FAX　03-3512-3270

©JSCE2016／Concrete Committee
ISBN978-4-8106-0897-7
印刷・製本・用紙：勝美印刷（株）

・本書の内容を複写または転載する場合には、必ず土木学会の許可を得てください。
・本書の内容に関するご質問は、E-mail（pub@jsce.or.jp）にてご連絡ください。